黑龙江省
药食同源资源

赵 宏　王宇亮　王朝兴　主编

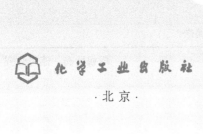

化学工业出版社

·北京·

内容简介

《黑龙江省药食同源资源》全书共分为3章，主要内容包括：国家药食同源目录中黑龙江省野生分布和种植的17种中药（第一章），保健食品中可以添加物质目录中黑龙江省野生分布和种植的10种植物（第二章），以及黑龙江省山区人们常食用的具有保健作用的33种植物（第三章），分别从基本形状、性味功效、化学成分、药效特点、药用时的用法用量、食用方法、开发利用等方面进行全面系统地论述，并附有清晰的图片。

《黑龙江省药食同源资源》可作为国内研究黑龙江省药食同源资源的重要资料。

图书在版编目（CIP）数据

黑龙江省药食同源资源/赵宏，王宇亮，王朝兴主编.—北京：化学工业出版社，2021.8
ISBN 978-7-122-39249-7

Ⅰ.①黑… Ⅱ.①赵… ②王… ③王… Ⅲ.①药用植物-资源开发-研究-黑龙江省②药用植物-资源利用-研究-黑龙江省 Ⅳ.①S567

中国版本图书馆CIP数据核字（2021）第110867号

责任编辑：褚红喜　宋林青　　　　　　文字编辑：丁　宁　陈小滔
责任校对：张雨彤　　　　　　　　　　装帧设计：张　辉

出版发行：化学工业出版社（北京市东城区青年湖南街13号　邮政编码100011）
印　　装：涿州市般润文化传播有限公司
710mm×1000mm　1/16　印张11½　字数193千字　2021年9月北京第1版第1次印刷

购书咨询：010-64518888　　　　　　　售后服务：010-64518899
网　　址：http://www.cip.com.cn
凡购买本书，如有缺损质量问题，本社销售中心负责调换。

定　　价：**69.80元**　　　　　　　　　　　　　　版权所有　违者必究

序

在经济快速发展的今天，各行业的人们都面临着不同程度的紧张和压力，亚健康人数越来越多。对于实感不适但又无明显器质性病变的亚健康状态，药食同源的养生观展现出极大的优势。我国已成为世界功能性食品产业重要的原料供应国和委托生产国，药食同源物质的安全性与补益性在中医药国际化进程中具有得天独厚的优势，是将我国资源优势转化为产业优势的一把利剑。但目前药食同源物质的基础研究及其标准研究还较薄弱，不能支撑创新产品的研发。因此，当前的首要任务是加强基础研究，建设标准体系，如：利用膜分离及浓缩、超临界二氧化碳萃取、逆流萃取等技术精制纯化；利用转录组学、蛋白质组学、代谢组学及宏基因组学等技术和方法诠释药食同源中药的物质基础、多层次作用机制及其安全性。其次，深入市场调研，掌握市场需求，根据中医的体质学说和三因制宜理论精准定位，开发集安全性、风味性及个性化于一体的药食同源产品。最后，加大药食同源中医药文化宣传力度，重视营养健康知识普及，让老百姓选择基于药食同源的养生保健方式的同时，不仅"知其然"，更"知其所以然"。药食同源产业的健康、绿色发展将促进全民健康，助力打造"健康中国"，尤其是在科技发展新方向"面向人民生命健康"提出的大背景下，药食同源治病以及用于亚健康人群、老年人群、慢性病人群保健具有极高应用价值和广泛应用前景。

我很高兴应赵宏博士的邀请，审阅其部分编写内容并为之作序，全书具有很强的科学性和应用价值，对黑龙江省药食同源资源物质的论述全面、系统，图片清晰，既可作为国内研究黑龙江省药食同源资源的重要文献，又可作为有关部门制定经济发展规划、进行植物资源保护的重要参考资料。我相信，该书的出版一定会对黑龙江省药食同源资源的开发和利用起到极大的推动作用。

王丽红

2021 年 1 月 6 日

前 言

　　黑龙江省是中国位置最北、最东，纬度最高、经度最东的省份，属寒温带与温带大陆性季风气候。连绵起伏的大兴安岭、小兴安岭、张广才岭和老爷岭构成了全省以山林为主的自然景观。此外，还有松嫩平原和三江平原。全省森林面积2617万公顷（全国第2位），覆盖率高达47.23%；全省天然湿地面积为556万公顷，其中9处为国际重要湿地；建有森林公园110处，湿地公园78处。得天独厚的地理位置，丰富的森林、草原、保护地，使得黑龙江省野生动植物资源丰富，其中有陆生野生动物400余种；野生植物2400余种，药用植物1000余种。这些自然生态资源优势，为黑龙江省药食同源物种的开发与利用提供了天然环境。

　　药食同源是人类在生产实践中不断总结而形成的思想与理论。药食本同源，随着人们对生活经验的积累和认识水平的提高，才逐渐分化为食物、药物和药食两用物质，赋予不同的特性，并应用于不同领域，形成不同学科，但最终目标都是为人类健康服务。在中国传统中医药学思想的影响下，我国药食同源逐渐成为食疗食养的指导思想。在现代研究与应用中，药食两用物质便是药食同源的集中体现，出于安全考虑，我国已将药食两用物质明确限定在"按照传统既是食品又是中药材物质"名单范围内，这意味着即便是药食同源，也要注意药食有异，在实际应用过程中要辨析药与食的差异。

　　"药食同源"一词虽出现于现代，但其理念萌生于中国古代时期人们的生活实践、中医药理论和饮食习惯。在我国古代，人们早已认识到"药从食来，食具药功，药具食性"，并利用食物的药用价值进行养生保健及防病治病，即"食养"和"食疗"。周朝时期，郑玄收集了用于防病治病的药物，分为五类即草、木、虫、石、谷，其中"谷"既是食物，也可作药物，表明周朝人对营养和治疗的辩证关系已有充分认识。《神农本草经》的出现使"本草"成为药物的代名词，但书中却将食物与药物一同收录，其中收录的365种药物中，有59种是食物，36种已纳入我国《既是食品又是药品的物品名单》。唐朝时，孟诜所著的《食疗本草》是一本以药用食物为主要内容的著作，记载的药食两用品已多达260种，其中包含不少唐代初期本草典籍失载之物。在元、明、清时期，涌现出大量食物性本草及食疗专科书籍，所载药食两用物质在前朝基础上大大增加。纵观我国药食同源的演化史，可发现从食物到药物再分化出药食两用物质，从本草到食疗本草，从汤液醪醴、五谷五菜到药食品种的不断丰富，从充饥到养生疗疾，人们对"食物—药物—药食同源"的认知过程，是一个从简单到丰富、从抽象到具体、从实践到理论的过程。

截至目前，国家卫生健康委员会对药食同源物品、可用于保健食品的物品和保健食品禁用物品均做出了具体规定，分3批次公布了药食同源物品。2002年，《卫生部关于进一步规范保健食品原料管理的通知》（卫法监发〔2002〕51号）中规定既是食品又是药品的物品包括87种、可用于保健食品的物品包括114种、保健食品禁用物品包括59种。2014年，《按照传统既是食品又是中药材物质目录管理办法（征）》（国卫办食品函〔2014〕975号）中拟新增的中药材物质名单包括14种。2018年，《关于征求将党参等9种物质作为按照传统既是食品又是中药材物质管理意见的函》（国卫办食品函〔2018〕278号）中拟新增的物质名单包括9种，现行的药食同源物品与拟增的药食同源物品共111种。

黑龙江省作为资源优势省份，人们历来就有食用野生植物的习惯，这些植物中不仅有国家药食同源目录中所列举的物质，也有未列举却具有丰富营养价值及保健作用的植物。基于我们多年来开发北药及功能食品的研究成果，为推广开发黑龙江省优质的药食同源物质，以及指导人们安全有效地使用这些物质，以严谨的科学态度，参考了大量文献，同时还深入到省内林区，历经多年，收集了大量的第一手资料，经过筛选和整理，编写了此书。本书不仅包括药食同源目录中黑龙江省野生分布和种植的17种中药，保健食品中可以添加物质目录中黑龙江省野生分布和种植的10种植物，还包括黑龙江省山区人们常食用的具有保健作用的33种植物，分别从基本形状、性味功效、化学成分、药效特点、药用时的用法用量、食用方法、开发利用各方面进行论述，以供读者参考。我们期望通过本书的出版，能够促进大众朋友们对药食同源的认识。

在本书编写中，佳木斯大学药学院张宇教授作为主审，提供了近30年的研究资料及多年来在药食同源方面的编写思路。本书具体编写分工如下：赵宏负责编写第三章，王宇亮负责编写第一章，王朝兴负责编写第二章。在本书定稿过程中，佳木斯大学王丽红教授审阅部分编写内容，并为之作序。

在此感谢黑龙江省"双一流"特色学科"北药与功能食品特色学科"对本书出版的资助。

由于时间精力所限，书稿中疏漏之处难免，恳请广大读者批评指正。

赵 宏

2021年1月6日

目 录

第一章
国家药食同源目录品种

人参

Ginseng Radix et Rhizoma

　　人参是五加科植物人参 *Panax ginseng* C. A. Mey. 的干燥根及根茎，表面呈灰黄色，主根为圆柱形或纺锤形，下部有2～3条支根，上面长有许多须根，须根上有小型的疣状突起。人参喜质地疏松、通气性好、排水性好、养料肥沃的砂质壤土；喜阴；凉爽而湿润的气候对其生长有利；耐低温，忌强光直射，喜散射较弱的光照，生于海拔数百米的落叶阔叶林或针叶阔叶混交林下。主要分布于我国辽宁东部、吉林东半部和黑龙江东部，在吉林、辽宁栽培甚多，是"龙九味"之一。俄罗斯、朝鲜、韩国和日本也有分布。

【性味功效】

　　性微温，味甘、微苦。归脾、肺、心、肾经。

　　大补元气，复脉固脱，补脾益肺，生津，安神。

【化学成分】

　　人参含有多种化学成分，主要为皂苷、多糖、挥发油、氨基酸和微量元素等[1]。

　　（1）皂苷：是人参的主要有效成分之一。人参皂苷是一类连有糖链的三萜类皂苷，具有延缓神经细胞衰老、降低老年人易发生的记忆损伤、稳定膜结构、促进蛋白质合成的作用。皂苷也是一种表面活性剂，常被用作食品添加剂。目前皂苷的提取方法有微波辅助提取法和复合酶辅助超声波提取法等。

（2）多糖：人参多糖多以杂多糖为主，结构比较复杂，是人参的主要化学成分之一，也是研究较早的一种中药多糖类成分。根据其单糖组成的种类和数量，人参多糖可分为中性糖和酸性果胶两大类。中性糖主要包括淀粉样葡聚糖，约占人参多糖的80%，其次为酸性果胶。人参多糖具有增强免疫力、促进造血、降血糖、抗利尿、抗氧化、抗血栓、抗菌、抗炎和抗肿瘤的作用。目前人参多糖的提取方法有煎煮法、微波辅助提取法、超声波辅助提取法和酶提取法。

（3）挥发油：人参总挥发油含量为 0.1%～0.5%，主要为倍半萜类物质，约占人参总挥发油的40%。人参挥发油具有促进血液循环和新陈代谢的作用。目前人参总挥发油的提取方法有水蒸气蒸馏法、超声波辅助提取法和超临界流体萃取法等。

（4）氨基酸：人参的根与叶中均含有氨基酸、肽类及蛋白质成分，是人参发挥药理作用的重要活性成分，其根中必需氨基酸的比例较大，以精氨酸最多，谷氨酸次之。

【药效特点】

（1）治疗心血管系统疾病：人参皂苷能使磷脂蛋白酶活化，促进磷脂的生物合成，从而防止冠状动脉和心脏主动脉血管粥样硬化；可抑制心肌细胞膜上 Na^+/K^+-ATP 酶活性，使细胞内 Na^+ 增加，从而促进 Na^+ 与 Ca^{2+} 交换，使 Ca^{2+} 内流增加，加强心肌收缩力，促进儿茶酚胺释放，产生肾上腺素样强心作用[2]。

（2）治疗糖尿病：人参能刺激内分泌系统的分泌机能，增强垂体 - 肾上腺皮质系统的功能，发挥降低血糖的作用。服用人参可减少轻型糖尿病患者的尿糖量，改善中度糖尿病患者的全身症状，使渴感、多汗、虚弱等症状消失或减轻。

（3）治疗性机能衰弱：人参能明显增进性机能，中医称作"强精补肾"。人参对麻痹型、早泄型阳痿有显著疗效，对因神经衰弱所引起的皮层性和脊髓性阳痿也有疗效。人参能提高精子活力，可治疗无精子症和少精子症。

（4）治疗消化系统疾病：人参能促进消化液的分泌，提高胃液总酸度，改善上腹胀满、泄泻、呕吐等脾胃虚弱的症状，使胃痛消失、食欲增加、大便正常。

（5）增强免疫力：人参皂苷可促进免疫球蛋白 G（IgG）、免疫球蛋白 A1（IgA）免疫球蛋白 M（IgM）的生成及淋巴细胞的转化。当免疫功能低下时，可使白细胞回升、巨噬细胞等恢复正常[3]。

（6）增强骨髓的造血机能：人参皂苷能防止血液凝固，促进纤维蛋白溶解，抑制血小板和红细胞聚集，促进骨髓细胞有丝分裂，使血液中的红细胞、白细胞及骨髓中的有核细胞数量增加，从而增强骨髓的造血机能。

【药用时的用法用量】

根据药典记载，每日用量3～9 g。

【食用方法】

（1）泡饮：取人参饮片3～9 g，早晨放入杯中，当茶饮用，晚上将浸泡数次的药片，嚼碎咽下。

（2）炖汤：取人参饮片5～10 g，放入砂锅内，加适量水浸泡与鸡肉等炖煮。

（3）泡酒：将人参整根或饮片放入白酒内，浸泡10天后即可饮用，每次5～10 mL，早晚各一次。

【开发利用】

（1）人参的药用开发：人参健脾丸是由人参、白术（麸炒）、茯苓、山药、陈皮、木香、砂仁、炙黄芪、当归、酸枣仁（炒）和远志（制）组成，具有健脾益气、和胃止泻的功效，用于脾胃虚弱所致的饮食不化、脘闷嘈杂、恶心呕吐、腹痛便溏、不思饮食、体弱倦怠。人参再造丸是由人参、蕲蛇（酒炙）、广藿香、檀香、母丁香、玄参、细辛、香附（醋制）、地龙、熟地黄、三七、乳香（醋制）、青皮、豆蔻和防风等组成，具有益气养血、祛风化痰、活血通络之功效，用于气虚血瘀、风痰阻络所致的中风。人参鹿茸丸是由人参、鹿茸（去毛，酥油制）、补骨脂（盐炒）、巴戟天（甘草水制）、当归、杜仲、牛膝、茯苓、菟丝子（盐炒）、黄芪（蜜炙）、龙眼肉、五味子（醋蒸）、黄柏、香附（醋制）和冬虫夏草组成，具有滋肾生精、益气、补血作用，用于肾精不足、气血两亏、目暗耳聋、腰腿酸软。

（2）人参的食用开发：人参皂苷饮料主要是以人参皂苷、柠檬酸、菊花为主要原料制作而成，是在传统功能饮料的基础上添加人参皂苷，充分发挥不同单体皂苷协同作用的一款功能性饮料，补充体能效果好，无副作用。人参养颜茶主要由人参、红花、枸杞子、茉莉花、金盏花、牡丹花、益母草、雪莲制作而成，具有大补元气、益肤养颜和缓解疲劳等功效。

小蓟

Cirsii Herba

小蓟为菊科植物刺儿菜 *Cirsium setosum* (Willd.) MB. 的干燥地上部分。小蓟别名青青草、刺儿菜、野红花，为多年生草本植物，地下部分常大于地上部分，有长根茎。叶互生，基生叶花时凋落，下部和中部叶椭圆形或椭圆状披针形，长 7～10 cm，宽 1.5～2.2 cm。5～6 月盛开期时，割取全草晒干或鲜用，可连续收获 3～4 年。主要分布于我国除广东、广西、云南、西藏外的其余各地。东亚和欧洲等地区亦有分布。

【性味功效】

性凉，味甘、苦。归心、肝经。

凉血止血，祛瘀消肿。用于衄血、吐血、尿血、便血、崩漏下血、外伤出血、痈肿疮毒等症。

【化学成分】

小蓟含有多种化学成分，主要为黄酮、萜类、有机酸、生物碱和植物甾醇等[4]。

（1）黄酮：小蓟全草中总黄酮含量一般可达 3%～16%，主要包括刺槐素、蒙花苷、芦丁、芹菜素、槲皮素、山奈酚、木犀草素等，具有抗氧化和清除氧自由基的作用，可作为天然抗氧化剂和功能食品添加剂。小蓟黄酮的提取方法为超声波辅助提取法、微波辅助提取法和热回流提取法等。

（2）萜类：小蓟中萜类化合物主要为倍半萜和三萜，其中三萜皂苷主要包括羽扇豆醇、齐墩果酸和蒲公英甾醇等。目前小蓟中萜类化合物的提取方法为有机溶剂法和碱提酸沉法。

（3）有机酸：小蓟中有机酸主要包括咖啡酸、原儿茶酸和绿原酸等，具有缩短血凝及出血时间的作用。目前小蓟中有机酸的提取方法是碱提酸沉法。

（4）生物碱：小蓟中生物碱类成分主要包括乙酸橙酰胺、马齿苋酰胺、尿嘧啶和酪胺等。目前小蓟中生物碱的提取方法为超声波辅助提取法、超临界流体萃取法和回流提取法等。

（5）植物甾醇：小蓟中植物甾醇包括β-谷甾醇、胆甾醇、豆甾醇和β-胡萝卜苷等。

【药效特点】

（1）止血：小蓟具有收缩血管、缩短凝血时间和凝血酶原时间的作用，可诱发小鼠血小板的聚集，显著缩短出血时间[5]。

（2）对心血管系统的作用：小蓟煎剂对离体蛙心和离体兔心有明显兴奋作用，且可使兔耳及大鼠下肢血管收缩；将小蓟煎剂或酊剂给麻醉犬、猫及家兔静脉注射后，有升压作用。

（3）抑菌：小蓟对白喉杆菌、肺炎球菌、溶血性链球菌、金黄色葡萄球菌、铜绿假单胞菌、变形杆菌、大肠杆菌、伤寒杆菌、副伤寒杆菌、福氏痢疾杆菌等均有不同程度的抑制作用。

（4）其他：小蓟煎剂或酊剂对家兔离体、在位及慢性瘘管的子宫均有兴奋作用，但对猫的在位子宫、大鼠离体子宫和兔离体小肠有抑制作用；其煎剂可以抑制肠平滑肌兴奋，收缩支气管平滑肌；对大鼠四氯化碳中毒性肝炎有预防和治疗作用。小蓟可用于治疗尿血和血淋。

【药用时的用法用量】

内服：煎汤，5～10 g；鲜品可用30～60 g，或捣汁。

外用：适量，捣敷。

【食用方法】

秋季采根，除去茎叶，洗净鲜用或晒干切段用。

【开发利用】

（1）小蓟的药用开发：小蓟饮是由生地黄、小蓟、滑石、木通、蒲黄、藕节、淡竹叶、当归、山栀子和甘草组成，具有凉血止血、利水通淋作用，主治热结下焦之血淋、尿血和小便频数。肾炎灵胶囊由小蓟、旱莲草、女贞子、地黄、山药、当归、川芎、赤芍和地榆等组成，具有清热凉血和滋阴养肾作用。

（2）小蓟的食用开发：小蓟花生仁粥是由小蓟、花生米和粳米熬制而成，具有健脾利湿作用。小蓟焖田螺是将小蓟洗净、切细，备用，将田螺放在碱水中冲洗，盐水腌10分钟，清水冲洗；锅内放适量植物油烧热，放花椒炸出香味后加入小蓟、田螺、姜丝、料酒、酱油、盐煸炒一下，加适量水，小火焖15分钟，出锅前加适量味精即可食用。

马齿苋

Portulacae Herba

马齿苋为马齿苋科植物马齿苋 *Portulaca oleracea* L. 的干燥地上部分。马齿苋别名为马齿菜、马苋菜、猪母菜、瓜仁菜、瓜子菜、长寿菜和马蛇子菜，为一年生草本植物，全株无毛。茎平卧或斜倚，伏地铺散，枝淡绿色或带暗红色。叶互生，叶片扁平，肥厚，似马齿状，上面暗绿色，下面淡绿色或暗红色，叶柄粗短。花期 5～8 月，果期 6～9 月。性喜肥沃土壤，耐旱亦耐涝，生于菜园、农田、路旁，为田间常见杂草。我国南北各地均产，广布全世界温带和热带地区。

【性味功效】

性寒，味酸。归肝、大肠经。

具有清热利湿、凉血解毒的功效。主治诸肿、疣目，止消渴。

【化学成分】

马齿苋含有多种化学成分，如黄酮、生物碱、多糖、萜类、脂肪酸等[6]。

（1）黄酮：马齿苋全草中总黄酮包括槲皮素、山奈酚、木犀草素、芹菜素、杨梅素和橙皮苷等。其黄酮类化合物能够显著减少水迷宫实验中小鼠的逃避潜伏期及跳台实验中反应时间与错误次数，增加水迷宫实验中小鼠的穿越次数与跳台实验中的记忆潜伏期。目前马齿苋中黄酮的提取方法有超声波辅助提取法、回流提取法和超临界流体萃取法等。

（2）生物碱：马齿苋中常见的生物碱类化合物主要包括去甲肾上腺素、多巴胺、尿嘧啶、腺嘌呤、腺苷、甜菜红色素等，其生物碱可加快胰岛 β 细胞分泌胰岛素，增加血清中胰岛素含量，促进糖原合成及脂肪代谢。马齿苋生物碱的提取方法主要为溶剂法。

（3）多糖：马齿苋多糖可直接作用于 T 淋巴细胞，通过增加 CD4$^+$T 淋巴细胞和 CD8$^+$T 淋巴细胞来诱导和增强免疫应答作用及其介导的细胞杀伤作用。目前马齿苋多糖的提取方法有热水浸提法、加碱提取法、酶提取法和超滤法等。

（4）萜类：马齿苋中萜类化合物主要包括单萜 A、马齿苋单萜 B、蒲公英萜醇、甘草次酸、白桦脂酸、熊果酸、黄体素和齐墩果酸等。目前马齿苋中萜类化合物的提取方法有碱提酸沉法和有机溶剂法。

（5）脂肪酸：马齿苋中含有 ω-3 脂肪酸，可使血管内细胞合成前列腺素，抑制组胺及 5-HT 等炎症介质的生成。马齿苋脂肪酸的提取方法为微波萃取法等。

【药效特点】

（1）抗菌、抗病毒：马齿苋乙醇提取物对佛氏付赤痢杆菌有显著抑制作用；水煎液对痢疾杆菌有抑制作用。

（2）对平滑肌的作用：马齿苋中的无机钾盐有兴奋动物子宫平滑肌的作用，而其中的有机化合物则有抑制子宫平滑肌的作用。

（3）对骨骼肌的作用：马齿苋有肌肉松弛作用。

（4）对心血管系统的作用：马齿苋鲜品汁液及水煎煮液可剂量依赖性地增加心肌收缩力度、速度，且可被普萘洛尔完全阻断。

（5）降血糖：马齿苋水煎液对正常小鼠、四氧嘧啶致糖尿病小鼠及肾上腺素致高血糖小鼠均有明显的降血糖作用。

（6）抗氧化：马齿苋多糖能不同程度增加血清中超氧化物歧化酶（SOD）能力、显著降低丙二醛（MDA）含量，延长小鼠在缺氧条件下的存活时间、常温游泳时间，具有明显的抗氧化作用[7]。

（7）增强免疫力：马齿苋多糖可显著提高小鼠腹腔巨噬细胞的吞噬百分率和吞噬指数，促进溶血素的形成，促进淋巴细胞的转化，进而提高免疫力[8]。

【药用时的用法用量】

内服：煎服 9～15 g；鲜品 30～60 g。

外用：适量，捣敷患处。

【食用方法】

（1）马齿苋粥：将马齿苋洗净，煮熟，捞出，冲洗，切碎；油锅烧热，放入葱花、马齿苋，加精盐炒至入味，出锅；将炒过的马齿苋和米煮成粥。

（2）凉拌马齿苋：将马齿苋放入沸水锅内焯至碧绿色，捞出，放凉，放入味精、醋、辣椒油、盐和香油搅拌均匀，即可食用。

【开发利用】

（1）马齿苋的药用开发：马齿苋注射液是以马齿苋为主要原料，经提取、精制而成的注射用液体制剂，可用于防治产后流血、电吸或刮宫后子宫出血等。由马齿苋、合欢皮、生麦芽作为主要原料的中药复方可用于治疗肝损伤，此中药复方构成简单、配比合理，对于在肝损伤期间所出现的食欲不振、疲倦乏力、腹胀、嗳气、恶心、呕吐、体重减轻、肝区或右上腹胀满隐痛等症状均具有良好效果。

（2）马齿苋的食用开发：马齿苋营养茶主要由马齿苋、石榴、黑芝麻、木瓜组成，各组分之间搭配合理、营养互补，且该营养茶呈弱碱性，能调节人体酸碱平衡，具有祛湿、通便、降脂的作用，可增强人体细胞免疫力、提高人体机能。

玉竹

Polygonati Odorati Rhizoma

玉竹为百合科植物玉竹 *Polygonatum odoratum* (Mill.) Druce. 的干燥根茎。玉竹别名为尾参、玉参、铃铛菜和甜草根等，为多年生草本植物，其根茎横走，肉质黄白色，密生多数须根。耐寒，亦耐阴，喜潮湿环境，宜生长于含腐殖质丰富的疏松土壤，多生于林下或山野阴坡，海拔 500 ～ 3000 m。分布于我国黑龙江、吉林、辽宁、河北、山西、内蒙古、甘肃、青海、山东、河南、湖北、湖南、安徽、江西、江苏和台湾等地。朝鲜、日本、俄罗斯、蒙古等国家也有分布。

【性味功效】

性平，味甘。归肺、胃经。

具有滋阴润肺、生津养胃的功效。

【化学成分】

玉竹含有多种化学成分，其中包括甾体皂苷、多糖和黄酮等[9]。

（1）甾体皂苷：甾体皂苷作为一类螺甾烷类化合物衍生的寡聚糖，是玉竹的主要有效成分之一，玉竹中的甾体皂苷可调节机体免疫功能。目前它的提取方法有微波辅助提取法和复合酶辅助超声波提取法等。

（2）多糖：玉竹多糖的单糖主要包括甘露糖、葡萄糖、半乳糖、少量的阿拉伯糖和半乳糖醛酸，具有抗肿瘤活性，主要通过增强宿主免疫调节功能来实现。目前它的提取方法有煎煮法、碱提取法、酶提取法和超滤法等。

（3）黄酮：玉竹总黄酮能清除 DPPH 自由基，增强衰老模型小鼠血液中超氧化物歧化酶（SOD）活性，降低肝组织中的丙二醛（MDA）含量，与铁盐相互作用后，清除DPPH自由基的能力明显增强。目前它的提取方法有超声波辅助提取法、微波辅助提取法和回流提取法等。

【药效特点】

（1）对免疫系统的作用：玉竹醇提物可显著提高小鼠腹腔巨噬细胞的吞噬功能，是一种以增强体液免疫及吞噬功能为主的免疫增强剂。

（2）降血糖：玉竹多糖具有降血糖、抗氧化作用，对四氧嘧啶致糖尿病大鼠的胰岛β细胞损伤有明显保护作用，其机制与改善糖尿病大鼠的糖代谢紊乱、减轻胰岛β细胞的氧化应激损伤有关。

（3）对平滑肌的作用：玉竹煎剂可使小鼠离体肠管活动暂时增强，但逐渐弛缓且蠕动减弱；对小鼠离体子宫有缓和的刺激作用。

（4）抗氧化：玉竹多糖可通过提高衰老小鼠血清SOD活性，增强对自由基的清除能力，抑制脂质过氧化，降低MDA含量，从而减轻衰老小鼠机体组织损伤程度，延缓衰老；对亚急性衰老小鼠的免疫器官功能具有一定调节作用，可改善机体的免疫失衡状态，增强机体的细胞及体液免疫功能[10]。

（5）抗菌：玉竹煎剂对金黄色葡萄球菌、变形杆菌、痢疾杆菌、大肠杆菌等有抑制作用。

【药用时的用法用量】

内服：煎汤，6～12 g；熬膏、浸酒，或入丸、散。

外用：适量，鲜品捣敷，或熬膏涂。阴虚有热宜生用，热不甚者宜制用。

【食用方法】

玉竹可以泡水喝；与排骨或鸭子炖食；与其他药材配合食用，以发挥各种药材的协同作用。

【开发利用】

（1）玉竹的药用开发：加减葳蕤汤是利用玉竹配伍葱白、桔梗、薄荷、豆豉等药材组成的处方汤剂，具有发汗解表、滋阴清热的功效。扶元逐疫汤是由黄芪（炙）、升麻（蜜水炒）、白术（土炒）、柴胡（蜜水炒）、陈皮（炒）、玉竹、沙参、甘草（炙）和当归组成，具有扶正托邪作用。烽烟充斥汤是由玉竹、石膏、猪苓、泽泻、枳壳和桔梗组成，可改善胸满、心烦、肤燥、恶热、不眠等症状。玉咳宁糖浆是由玉竹和咳宁醇组成，具有润肺生津、化痰止咳作用。玉楂冲剂是由玉竹和山楂（炒）组成，具有降低血脂、防止动脉硬化的作用，用于治疗冠心病、心绞痛、高血压和高脂血症。

（2）玉竹的食用开发：玉竹酒是由白酒、白糖以及玉竹按一定比例制作而成，具有补肾填精、消除疲劳等功效，用于改善虚劳咳嗽、消化不良、腰膝酸痛、小便频数等症状。玉花茶冲剂是由玉竹、菊花、葫芦茶制作而成，具有养阴清热等功效，适用于胃热烦渴、目赤、疖肿等症状。玉竹白果排骨汤是由玉竹、白果、排骨、枸杞、桂圆肉、胡萝卜等主要食材熬制而成，具有敛肺定喘、燥湿止带、益肾固精、镇咳解毒等作用。

西洋参

Panacis Quinquefolii Radix

　　西洋参是五加科植物西洋参 *Panax quinquefolium* L. 的干燥根。西洋参又称西洋人参、洋参、美国人参、花旗参、广东参，为多年生草本植物。主根呈圆形或纺锤形，表面浅黄色或黄白色，色泽油光，皮纹细腻，质地饱满而结实，断切面干净，呈现较清晰的菊花纹理，参片甘苦味浓，透喉，全体无毛。喜散射光和漫射光，适应生长在森林砂质壤土，生长于海拔 1000 m 左右的山地。西洋参原产加拿大东南部及美国东部等地，目前在我国东北、华北等大部分地区均有分布。

【性味功效】

　　性凉，味甘、微苦。归心、肺、肾经。

　　补气养阴，清热生津。用于气虚阴亏、虚热烦倦、咳喘痰血、内热消渴、口燥咽干。

【化学成分】

　　西洋参含有多种化学成分，包括糖类、皂苷、挥发油等[11]。

　　（1）糖类：西洋参中总糖（包括淀粉、多糖、低聚糖和单糖）含量较高，约为 68%～74%，其中多糖含量为 5%～10%。西洋参多糖具有免疫调节作用，能够增加机体的免疫力，促进机体免疫细胞的免疫功能，具有抗肿瘤、抗病毒等作用。目前提取西洋参多糖的方法有溶剂萃取法、微波辅助提取法、超声波辅助提取法、超临界流体萃取法等。

（2）皂苷：西洋参中皂苷含量较高，具有增强中枢神经功能的作用，可提高记忆能力。西洋参皂苷根据提取部位不同可分为根中皂苷、茎中皂苷、果中皂苷与芦头中皂苷。西洋参中总皂苷含量高于人参，特别是 Rb_1 含量远高于人参。目前提取西洋参皂苷的方法有溶剂萃取法、微波辅助提取法、超声波辅助提取法、脉冲电场提取法等。

（3）挥发油：西洋参总挥发油含量为 0.04% ～ 0.09%，主要为倍半萜类，如反 $-\beta-$ 金合欢烯、$\beta-$ 甜没药烯。目前提取西洋参挥发油的方法有水蒸气蒸馏法、微波辅助提取法、超临界流体萃取法等。

【药效特点】

（1）保护心血管系统：常服西洋参可以抗心律失常、抗心肌缺血、抗心肌氧化、强化心肌收缩能力。西洋参可有效降低暂时性和持久性血压。

（2）增强神经系统功能：西洋参中的皂苷具有镇静、解酒之功效，可有效增强中枢神经功能，进而静心凝神、消除疲劳。西洋参可增强记忆能力，适用于有失眠、焦躁、记忆力减退等症状及患有阿尔茨海默病等的患者。

（3）增强机体免疫力：西洋参可促进血清蛋白、骨髓蛋白及器官蛋白合成，提高机体免疫力，抑制癌细胞生长[12]。

（4）调节内分泌：西洋参可调控血糖、调节胰岛素分泌、促进糖代谢和脂肪代谢，对糖尿病有一定辅助治疗作用。

【药用时的用法用量】

煎汤（另煎汁和服），3 ～ 6 g；入丸、散。

【食用方法】

（1）煮服法：将西洋参切片，取 3 g 放入砂锅内，加水适量，用文火煮 10 分钟左右，趁早饭前空腹，将参片与参汤一起服下。

（2）炖服法：将西洋参切片，每日取 2 ～ 5 g 放入瓷碗中，加适量水浸泡 3 ～ 5 小时，碗口加盖，将其置于锅内，隔水蒸炖 20 ～ 30 分钟，早饭前半小时服用。

（3）蒸服法：将西洋参用小火烘干，研成细末，每次取 5 g，用 1 个鸡蛋拌入，蒸熟后服用。

（4）含化法：将西洋参放在砂锅内用水蒸一下，使其软化，再切成薄片，放在干净的小玻璃瓶内或小瓷瓶内，每日早饭前和晚饭后各含服 2 ～ 4 片，细细咀嚼并咽下。

服用西洋参期间，不宜喝茶或咖啡、吃萝卜等，以免降低疗效。

【开发利用】

（1）西洋参的药用开发：西洋参速溶含片主要由鲜人参、鲜西洋参、鲜三七中的一种或几种组合而成，辅以佐料，通过制浆、均质、灭菌、冷冻制粉压片、真空冷冻干燥而成，具有缓解疲劳、延缓衰老、美容养颜、增强免疫力等功效。西洋参口服液主要由西洋参、马鹿茸粉、枸杞子等制成，具有清肺热、降虚火和补肺益气的作用，对由肺热引起的痰中带血的干咳和久咳有很好的治疗效果，体质差的人服用后可增强抵抗力，还可预防冠心病、高血压及其他心脑血管疾病，降低人体疲劳度。

（2）西洋参的食用开发：西洋参红茶是以西洋参、红茶、桑葚、覆盆子为主要原料制作而成的茶叶，含有丰富的蛋白质、氨基酸、维生素及多种微量元素，具有养血活血、补中益气、抗病毒等多种功效。玉灵膏是以西洋参、桂圆肉、蜂蜜和大米为主要原料制作而成的食品，为中医食疗古方，源自清朝中医名家王士雄的《随息居饮食谱》，是补血补气的臻品，具有安神、改善睡眠、益脾胃等功效。西洋参石斛酒是由西洋参和石斛为主要原料制作而成的药酒，在提高机体免疫能力、抗肿瘤、抗氧化、抗疲劳、降血糖、改善血瘀症状、促进睡眠、降低胆固醇等方面具有较好的功效。

沙棘

Hippophae Fructus

沙棘为胡颓子科植物沙棘 *Hippophae rhamnoides* L. 的干燥成熟果实。为多年生落叶灌木或小乔木，适应性强，能改善生态环境。其果实呈类球形或扁球形，单个直径 5～8 mm，表面呈黄色或棕红色，皱缩，顶端有残存花柱，果实中富含天然活性成分，具有良好的药用及保健价值。沙棘常生长于海拔 800～3600m 温带地区向阳的山脊、谷地、干涸河床地或山坡，多砾石、砂质土壤或黄土上。主要分布于我国黑龙江、河北、内蒙古、山西、陕西、甘肃、青海、四川西部。美国、加拿大、俄罗斯等国家亦有栽培。

目前，沙棘的分类有：

（1）中国沙棘亚种是我国主要品种，分布面积为沙棘总面积的 80% 以上，多生长在我国黄河中游地段。此种沙棘目前被种植在水土流失严重地区，用于防风固沙。

（2）中亚沙棘是我国新疆干旱地区的主要种类，在新疆天山以南，长势非常好，常生长于海拔 800～3000 m 的河谷、山坡及河滩。

（3）蒙古沙棘产自我国新疆北部，靠近蒙古边境。

（4）江孜沙棘主要分布在四川西部和青藏高原东部，目前开发研究较少。

（5）柳叶沙棘主要分布在我国西藏东南部，是喜马拉雅山区的特有植物，维生素含量非常高。

（6）西藏沙棘主要分布在青藏高原，是我国独具特色的珍贵资源，有较好的经济性和生态性。

（7）肋果沙棘主要分布在青藏高原，是海拔 3500 m 以上抗寒、抗风能力极强的天然树种，具有很好的生态价值。

【性味功效】

性温，味酸、涩。归脾、胃、肺、心经。

健脾消食，止咳祛痰，活血散瘀。用于脾虚食少、食积腹痛、咳嗽痰多、胸痹心痛、瘀血经闭、跌扑瘀阻。

【化学成分】

沙棘是营养价值和医药价值极高的经济树种之一，其果实中含有 190 余种对人体有益的生物活性成分，如维生素、黄酮、多糖、多酚等[13]。

（1）维生素：沙棘中富含维生素 C、维生素 E、维生素 A、维生素 B_1、维生素 B_2、维生素 B_6、维生素 B_{12}、维生素 K、维生素 F、维生素 P 等，其中维生素 C 的含量最高，不同产地鲜果的维生素 C 含量为 600 ～ 1294 mg/100 g，约是山楂的 20 倍，猕猴桃的 2 ～ 3 倍，柑橘的 6 倍，苹果的 200 倍，西红柿的 80 倍。

（2）黄酮：沙棘黄酮是沙棘的主要成分之一，广泛存在于沙棘果、叶、茎、根等不同部位中。沙棘中黄酮类化合物主要为异鼠李素、槲皮素、杨梅黄酮等。目前提取沙棘黄酮的方法有超声波辅助提取法、微波辅助提取法、酶辅助提取法等。

（3）多糖：沙棘多糖的单糖组成包括葡萄糖、果糖、半乳糖、阿拉伯糖、甘露糖和鼠李糖，其中可溶性糖占 5% ～ 8%，葡萄糖和果糖占总糖量的 80%。沙棘的不同部位中多糖含量不同，其中沙棘果中多糖含量最高。热水提取法是目前使用最广泛的沙棘多糖提取方法，另有超声波辅助提取法、闪式提取法、微波辅助提取法、酶法 - 超声波协同萃取法等。

（4）多酚：沙棘中多酚类化合物包括乌索酸、香豆素、酚酸等。香豆素是抗艾滋病病毒（HIV）的天然药物，还具有抗白癜风、抗肿瘤、麻醉、解热、利胆、抗菌、消炎、增强毛细血管功能和止血抗凝等多种作用。乌索酸具有抗病毒性肝炎、抗肿瘤、抗氧化、抗菌、消炎等生物活性。酚酸具有抗氧化、抗肿瘤、抑菌、护肝和保护心血管等生物活性。目前提取沙棘多酚的方法有超声波辅助提取法、溶剂浸提法、微波辅助提取法、酶解法、超临界流体萃取法等。

【药效特点】

（1）保护心脑血管系统：沙棘及其提取物可通过调节缺血心肌组织中相关蛋

白表达来发挥对心脑血管系统的滋养保护作用；可降低胆固醇、甘油三酯，促进脂质代谢，清除氧自由基，起到预防和治疗心脑血管疾病的作用；沙棘油可降低血脂，抑制血栓形成，改善血管功能。

（2）治疗胃肠道疾病：沙棘中含有大量的氨基酸、有机酸、酚类等化合物，可抑制胃蛋白酶活性、减少游离酸，对胃溃疡、消化不良、肠炎等消化系统疾病有良好的疗效。

（3）抗肿瘤：沙棘提取物及单体化合物具有较强的抗肿瘤活性，其中维生素C、胡萝卜素、香豆素、5-HT、柚皮苷等可抑制肿瘤的生长，有效减小癌变范围，干扰肿瘤生长[14]。

（4）保护肝脏：沙棘籽油可显著抑制四氯化碳、乙醇、对乙酰氨基酚所致肝损伤；沙棘果中丰富的有机磷酸脂、维生素 E 及 β- 胡萝卜素等活性化合物可促进肝脏代谢，降低抗生素和其他药物所致肝脏毒性，明显改善肝纤维化的状况。

（5）抗氧化：沙棘中含有丰富的黄酮类化合物，具有较强的抗氧化作用，可显著提高实验性肝损伤小鼠肝脏的 SOD 活性[15]。

（6）其他：沙棘具有抗辐射、抗突变能力；黄酮类化合物具有抗病毒、抗菌、消炎的作用，可单独应用或作为免疫抑制剂与其他药物配伍，治疗急慢性支气管炎、急性病毒性上呼吸道感染等呼吸道疾病。

【药用时的用法用量】

根据药典记载，每日用量 3 ～ 10 g。

【食用方法】

（1）直接食用：将沙棘用盐水浸泡 10 分钟，用清水清洗干净，直接食用。

（2）榨汁饮用：将沙棘清洗干净后，用榨汁机榨汁饮用。大量饮用可能会引起一定的胃部刺激。

沙棘具有很高的营养价值，但应注意用量，大量服用或服用未成熟果实，可能会出现头昏、抵抗力下降等不良反应。

【开发利用】

（1）沙棘的药用开发：沙棘颗粒是以沙棘为主要原料制成的颗粒剂，适用于咳嗽痰多、消化不良、食积腹胀、跌扑瘀肿。五味沙棘散是以沙棘、白葡萄干、木香、栀子、甘草为原料制作而成，适用于肺热久嗽、喘促痰多、胸中满闷、胸胁作痛等症状。沙棘油软胶囊是以沙棘油为原料制成的胶囊剂，具有调理肠胃、辅助保护化学性肝损伤等功效。

（2）沙棘的食用开发：目前沙棘类食品、保健食品的开发较好，大众认可度日益增高。沙棘百通茶是以沙棘叶为原料制成的茶叶，具有消食化滞和活血散瘀的功效。沙棘护眼奶片是以沙棘果提取物和蓝靛果提取物为主要原料制成的奶制品，具有保护视力和预防重度近视等功效。沙棘解酒巧克力是以沙棘果提取物、红糖、可可脂为主要原料制成的巧克力，具有缓解胃部不适、驱寒、温身等功效。沙棘清肺饮料是以沙棘果提取物和银耳水溶性提取物按一定的比例搭配而制成的饮料，具有缓解因雾霾、粉尘带来的咳嗽、痰多、胸闷等功效。

赤小豆
Vignae Semen

赤小豆为豆科植物赤小豆 *Vigna umbellata* (Thunb.) Ohwi et Ohashi 或赤豆 *Vigna angularis* (Willd.) Ohwi et Ohashi 的干燥成熟种子。赤小豆别名红小豆、赤豆、朱豆，为一年生草本植物。其干燥的种子呈圆形而稍扁，质坚硬，不易破碎。赤小豆含丰富的营养物质，其中蛋白质含量为 17.5%～23.3%，淀粉含量为 48.2%～60.1%，食物纤维含量为 5.6%～18.6%，是亚洲主要的豆类作物之一。以我国栽培最多，主要分布于东北及华北。朝鲜、日本、菲律宾及其他东南亚国家亦有栽培。

【性味功效】

性平，味甘、酸。归心、小肠经。

除湿利水，消肿解毒，和血排脓。用于水肿胀满、脚气浮肿、黄疸尿赤、风湿热痹、疮痈肿毒、肠痈腹痛等症状。

【化学成分】

赤小豆营养丰富，其中含有黄酮、酚类及膳食纤维等活性成分[16]。

（1）黄酮：赤小豆中黄酮类成分的含量约为 0.76%～1.31%，具有抗氧化和预防慢性疾病的作用。目前赤小豆黄酮的提取方法有超声波辅助提取法、回流提取法及微波辅助提取法等。

（2）酚类：赤小豆中的酚类成分为其主要活性成分，具有良好的抗氧化作用。目前赤小豆多酚的提取方法有超声波辅助提取法及溶剂浸提法等。

（3）膳食纤维：赤小豆皮是难得的膳食纤维源，其中纤维含量高达 60%，且质感好、口感佳，可以加工成高纯度、高品质、高附加值的膳食纤维，并对胆酸钠具有显著的吸附作用。

【药效特点】

（1）抗氧化：赤小豆中多酚类成分对 DPPH 自由基和羟自由基具有较强的清除能力，随着多酚浓度升高，还原能力及抗氧化活性也随之增高。

（2）消除水肿：赤小豆可用于治疗心源性和肾炎性水肿、肝硬化腹水、脚气病浮肿，外用于疮毒之症。赤豆煮汤饮服，还可用于治疗营养不良、炎症等多种原因引起的水肿。

（3）调节免疫功能：赤小豆含有丰富的蛋白质和微量元素，可增强机体免疫力，提高抗病能力[17]。

【药用时的用法用量】

内服：9 ～ 30 g；或入散剂。

外用：生研调敷患处。

【食用方法】

（1）红豆花生糯米糊：将花生米、糯米、赤小豆洗净，沥干，微波炉调到高火，依次放入赤小豆、花生米、糯米，加热 6 分钟，然后放入破壁机中粉碎，加入开水，即可食用。

（2）赤小豆薏米汤：将赤小豆、薏米、百合和莲子洗净，加水，浸泡一夜，沥干，依次加入赤小豆、薏米、莲子、百合及适量水，加热，放入适量冰糖，至冰糖融化即可食用。

赤小豆中的嘌呤含量比较高，痛风患者尽量不食用；肠胃消化功能差的人应少食，多食可能造成腹胀、排气等。

【开发利用】

（1）赤小豆的药用开发：麻黄连翘赤小豆汤是以麻黄、连翘、杏仁、赤小豆等为主要成分的方剂，具有解表散邪、解热祛湿的功效，可用于治疗荨麻疹、急性湿疹、红皮病、急慢性肾小球肾炎、肾盂肾炎及尿毒症等。

（2）赤小豆的食用开发：赤小豆是高蛋白、低脂肪、多营养的功能性食品。目前我国多用来制作小豆沙、小豆粉和炒豆沙等，赤小豆的出沙率约为 75%，可用来制作豆沙，豆沙可制作豆沙包、水晶包、油炸糕；还可制作冰棍、冰糕、冰激凌；可制作多种中西式糕点，如小豆沙糕、豆沙月饼、豆沙春卷等；可作为咖啡、巧克力制品的填充料或代用品；用大粒赤小豆还可制作赤小豆罐头。

香薷

Moslae Herba

香薷为唇形科植物石香薷 *Mosla chinensis* Maxim. 或江香薷 *Mosla chinensis* 'Jiangxiangru' 的干燥地上部分。香薷为直立草本，高 0.3 ～ 0.5 m，具有密集的须根。常生长于海拔达 3400 m 的路旁、山坡、荒地、林内、河岸，喜温旺湿润和阳光充足的环境，地上部分不耐寒。在我国除新疆、青海外，其余各地均有分布。俄罗斯（西伯利亚）、蒙古、朝鲜、日本、印度、欧洲及北美等地也有分布。

【性味功效】

性微温，味辛。归肺、胃经。

发汗解暑，行水散湿，温胃调中，祛风解表，透疹消疮，止血。

【化学成分】

香薷中含有多种对人体有益的活性成分，如挥发油、黄酮、多糖等[18]。

（1）挥发油：挥发油是香薷的药用成分之一，具有抗病原微生物、抗菌及增强免疫力的功能。香薷中主要挥发油成分为百里香酚、β- 金合欢烯、萜品烯 -4- 醇、芳樟醇、香荆芥酚、对聚伞花素等。目前香薷挥发油提取方法有水蒸气蒸馏法、浸取法、冷压法及超临界流体萃取法等。

（2）黄酮：香薷中含有的黄酮类化合物主要有木犀草素、黄芩素 -7- 甲醚、槲皮素、金圣草黄素和芹菜素等，香薷中总黄酮主要富集在花苞及其附近。具有降脂、抗氧化、抗血栓、抗心律失常等功效。目前香薷黄酮的提取方法有超声波辅助提取法、溶剂提取法等。

（3）多糖：多糖成分为香薷的主要活性成分，具有抗氧化作用。目前香薷多糖的提取方法有热水提取法及超声波辅助提取法等。

【药效特点】

（1）抗菌：香薷挥发油有广谱抗菌作用，对金黄色葡萄球菌、乙型链球菌、伤寒杆菌、福氏痢疾杆菌、白喉杆菌、脑膜炎双球菌、卡他球菌等均有较强的抑制作用。其主要抗菌有效成分为百里香酚、香荆芥酚和对聚伞花素等[19]。

（2）抗氧化：香薷黄酮具有较强的清除 DPPH 和抗亚油酸氧化的能力，其还原力随着提取物用量的增加而增强。香薷多糖具有较强清除 DPPH 自由基能力及铁离子还原能力。

（3）免疫调节：香薷挥发油对机体非特异性和特异性免疫功能均有显著增强作用。

【药用时的用法用量】

根据药典记载，煎服，每日 3 ～ 10 g。

【食用方法】

（1）香薷饮：将香薷、厚朴剪碎，白扁豆炒黄捣碎，放入保温杯中，以沸水冲泡即可。

（2）茵陈香薷茶：取茵陈、香薷、芦根，加水煎汤，去渣取汁，即可饮用。具有清热行湿、利尿消黄等功效，适用于黄疸型肝炎。

（3）香薷粥：取香薷加适量水煎沸，去渣留汁备用。将米与豆加水同煮，熟时加入香薷药汁，煮沸即可。

【开发利用】

（1）香薷的药用开发：香薷为民间常用中药，全草入药。复方香薷水是以皱叶香薷、木香、紫苏叶、歪叶蓝、广藿香、厚朴、豆蔻、生姜及甘草等为主要原料制成的中药复方制剂。具有解表化湿的功效，可用于外感风寒、内伤暑湿、寒热头痛及恶心欲吐、肠鸣腹泻等急性肠胃炎症状的治疗。

（2）香薷的食用开发：香薷属植物富含的挥发油有特殊香气，可作为调料、添香剂加入到糕点、饮料、果冻等食品中。香薷籽油是不饱和脂肪酸含量极高的植物油之一，对促进人体健康具有重要作用。

桔梗

Platycodonis Radix

桔梗为桔梗科植物桔梗 *Platycodon grandiflorus* (Jacq.) A. DC. 的干燥根。桔梗别名铃铛花、和尚帽、灯笼棵、白药、土人参以及 Doraji（韩国、朝鲜）和 Kikyo（日本）等，为多年生草本植物。其花暗蓝色或暗紫白色，可作观赏花卉；其根可入药，有止咳祛痰、宣肺、排脓等作用。喜凉爽气候，耐寒、喜阳光；宜栽培在海拔 1100 m 以下的丘陵地带，半阴半阳的砂质壤土中，以富含磷钾肥的中性夹沙土生长最好，药材以野生桔梗最佳。桔梗在我国大部分地区均有分布。生长于辽宁、吉林、内蒙古以及华北地区的称为"北桔梗"；安徽、江苏等华东地区所产的称为"南桔梗"。朝鲜、日本、俄罗斯的远东和东西伯利亚地区的南部也有分布。

【性味功效】

性平，味苦、辛。归肺经。

宣肺，利咽，祛痰，排脓。用于咳嗽痰多、胸闷不畅、咽痛音哑、肺痈吐脓等症状。

【化学成分】

桔梗是一种药食同源的常见植物，具有悠久的应用历史，所含化学成分包括皂苷、多糖、黄酮、氨基酸及维生素等[20]。

（1）皂苷：桔梗根中的主要有效成分为皂苷，已发现的皂苷成分近 40 种，均属于齐墩果烷型五环三萜衍生物，主要的苷元有 3 种，分别是桔梗酸、桔梗二酸和远志酸。目前提取桔梗皂苷的方法有回流提取法、浸渍法及超声波辅助提取法等。

（2）多糖：桔梗多糖具有增强免疫力、抗肿瘤、降血糖、抗衰老、抗病毒等药理作用，且毒副作用低。目前桔梗多糖提取方法有热水浸提法、超声波辅助提取法及微波辅助提取法等。

（3）黄酮：黄酮类化合物主要存在于桔梗的地上部分，主要为黄酮、二氢黄酮及黄酮苷类化合物。目前提取桔梗黄酮的方法有乙醇提取法、超声波辅助提取法及微波辅助提取法等。

（4）氨基酸：桔梗根中总氨基酸的含量高达 15.01%，包括 8 种人体必需氨基酸。

（5）维生素：桔梗根中维生素含量丰富，每 100 g 中含有胡萝卜素 8.80 mg，维生素 B_1 38 mg，烟酸 0.3 mg，维生素 C 12.67 mg。

【药效特点】

（1）祛痰与镇咳：口服桔梗皂苷可刺激胃黏膜，引起轻度恶心，反射性增加支气管黏液分泌，使痰液增多、稀释而容易咳出[21]。

（2）抗炎：桔梗皂苷对卡拉胶及醋酸所致大鼠足肿胀有显著抑制作用。桔梗水提液可增强巨噬细胞的吞噬功能，增强嗜中性粒细胞的杀菌力，提高溶菌酶的活性[22]。

（3）降血糖：桔梗水提醇沉上清液可增强糖尿病大鼠的胰岛素敏感性，修复胰腺损伤，改善其糖耐量水平，从而降低血糖。

（4）抗肿瘤：桔梗皂苷具有良好的体外抗肿瘤活性，对乳腺癌细胞增殖有显著的抑制作用。

（5）抗氧化：桔梗石油醚提取物具有较强的清除 DPPH 自由基、超氧自由基和 NO 自由基的作用。

【药用时的用法用量】

根据药典记载，每日用量 3 ～ 10 g。

【食用方法】

（1）清炒桔梗：取桔梗苗洗净后切段备用，油烧至六成热，下葱花煸香，投入桔梗苗煸炒，加精盐和味精，炒至入味，出锅即可食用。

（2）桔梗瓜菜：将鲜桔梗洗净，投入沸水锅内，捞出切片；黄瓜去瓤切片，用盐稍腌去水；将桔梗和黄瓜放在一起，加辣椒酱、醋调匀即成。

（3）桔梗咸菜：将鲜桔梗洗净，剥去外皮，撕开，晒干，放凉水中泡 12 小时，泡软后捞出，砸成丝状，入凉水内浸泡 12 小时，沥水，依次加入盐、酱油、白糖、醋、葱姜末、香油、味精、辣椒面拌匀，腌透即可。

桔梗性升散，凡气机上逆、呕吐、呛咳、眩晕、阴虚火旺、咳血等人群不宜用；胃及十二指肠溃疡者慎服；过量服用可能会出现轻度恶心、呕吐等症状。

【开发利用】

（1）桔梗的药用开发：桔梗是一种重要的药用食物，有很多潜在的药用价值。桔梗冬花片是由桔梗、款冬花、远志（制）、甘草为主要成分制成的糖衣片或薄膜衣片，适用于支气管炎、痰浊阻肺所致咳嗽痰多等症状。可待因桔梗片是以磷酸可待因、桔梗流浸膏为原料制成的薄膜衣片，适用于感冒及流行性感冒引起的急慢性支气管炎、咽喉炎所致咳痰或干咳。

（2）桔梗的食用开发：桔梗泡菜是朝鲜族的一种特色小菜，是以桔梗根作为主要食材，咸辣酸甜，风味特殊，具有宣肺、祛痰、利咽等功效。

黄芪

Astragali Radix

    黄芪为豆科植物蒙古黄芪 *Astragalus membranaceus* Bge. var. mongholicus (Bge.) Hsiao 的干燥根。黄芪别名黄耆、绵芪，为多年生草本植物。主根肥厚，木质，常分枝，灰白色。生于林缘、灌丛或疏林下，亦见于山坡草地或草甸中。主要分布于我国东北、内蒙古、河北、山西、陕西等地。国外各地亦有栽培。

【性味功效】

    性微温，味甘。归脾、肺经。

    益卫固表，补气升阳，托毒生肌，利水消肿。用于气虚乏力、食少便溏、中气下陷、久泻脱肛、自汗盗汗、血虚萎黄、阴疽漫肿、气虚水肿、内热消渴。

【化学成分】

    黄芪含有黄酮、多糖、皂苷、生物碱等成分[23]。

    （1）黄酮：黄芪中黄酮类成分主要有槲皮素、山柰黄素、异鼠李素、鼠李异柠檬素和羟基异黄酮等。提取黄芪黄酮常用方法为溶剂提取法。

    （2）多糖：黄芪中多糖含量丰富，其单糖组成为葡萄糖、果糖、鼠李糖、阿拉伯糖、半乳糖醛酸和葡萄糖醛酸等。热水提取法是提取黄芪多糖使用最广泛的一种方法，另有超声波辅助提取法、微波辅助提取法等。

（3）皂苷：皂苷是黄芪药材有效成分之一，其中黄芪甲苷是黄芪质量检定的指标成分，为一种三萜皂苷。黄芪中已发现 40 多种三萜皂苷类化合物，主要有黄芪皂苷Ⅰ～Ⅷ、乙酰基黄芪皂苷Ⅰ、异黄芪皂苷、大豆皂苷、黄芪皂苷甲、黄芪皂苷乙等。溶剂提取法和超声波辅助提取法是提取黄芪皂苷的主要方法。

（4）生物碱：目前从蒙古黄芪中分离鉴定出 6 种生物碱类化合物，分别为黄芪碱 A、黄芪碱 B、黄芪碱 C、黄芪碱 D、黄芪碱 E、黄芪碱 F 等。醇提法是提取黄芪生物碱的主要方法。

【药效特点】

（1）免疫调节功能：黄芪活性成分的免疫作用涉及特异性免疫、非特异性免疫及其他一些特殊免疫。可激活体内的巨噬细胞、提升多种免疫因子的表达，显著升高血清中的免疫因子含量和激活补体系统，从而改善机体的免疫调节能力。

（2）增加红细胞：黄芪多糖能升高正常红细胞的比容，增加红细胞数，防治因辐射而造成的白细胞总数、骨髓有核细胞数的减少，促进造血干细胞的分化和增殖[24]。

（3）保肝：黄芪水煎液对四氯化碳造成肝脏损害引起的血清总蛋白和白蛋白降低有回升作用，可预防四氯化碳所致肝糖原减少。

（4）抗氧化：黄芪多糖具有抗衰老作用，可提高 SOD 活性，减少脂质过氧化物对生物膜的损害。

（5）抗溃疡：黄芪对酒精所致胃黏膜损伤及幽门结扎所致胃黏膜损伤均有显著的抑制作用。

（6）抗肿瘤：黄芪提取物可抑制肿瘤生长，促进肿瘤细胞的凋亡。

（7）保护血管：黄芪能够增强心肌收缩力，改善心脏的收缩和舒张功能，具有保护心肌、治疗心肌缺血等作用[25]。

【药用时的用法用量】

内服：煎服，9 ～ 15 g，大剂量可用 30 ～ 60 g。

【食用方法】

（1）黄芪粥：将黄芪放入锅中煎汤，用药液进行熬粥，熬出的黄芪粥味道好，同时滋补身体的作用也非常大。

（2）黄芪红枣茶：将黄芪和红枣用水煎煮，代茶饮用。

（3）黄芪乌鸡汤：将乌鸡切成小块，与黄芪一同放入砂锅，加调料炖熟即可。

【开发利用】

（1）黄芪的药用开发：目前市场上以黄芪入药的中成药有 200 余种，如黄芪注射液、参芪颗粒、芪蛭通络胶囊、北芪片、参芪消渴胶囊、参芪膏、参芪十一味颗粒等；保健品有 160 余种，如黄芪枸杞茯苓氨基酸片、银杏叶苦瓜黄芪铬酵母片等。

（2）黄芪的食用开发：黄芪的食用方法很多，目前开发的产品有黄芪膳食类、茶类、饮料类、酒类等，如黄芪膳食纤维粉、黄芪红枣茶饮、黄芪当归酒等。

紫苏

Perillae Folium

紫苏为唇形科植物紫苏 *Perilla frutescens* (L.) Britt. 的干燥叶（或带嫩枝）。紫苏别名白苏、桂荏、赤苏、红苏等，为一年生草本植物，高 60 ～ 180 cm。具有特异的芳香，叶片多皱缩卷曲，完整者展平后呈卵圆形，长 4 ～ 11 cm，宽 2.5 ～ 9 cm，先端长尖或急尖，基部圆形或宽楔形，边缘具圆锯齿，两面紫色或上面绿色，下表面有多数凹点状腺鳞，叶柄长 2~5cm，紫色或紫绿色，质脆。主要分布于我国东北、华北、华中、华南、西南及台湾等地。印度、缅甸、日本、朝鲜、韩国、印度尼西亚和俄罗斯等国家也有分布。

【性味功效】

性温，味辛。归肺、脾经。

发汗散寒以解表邪，行气宽中、解郁止呕。

【化学成分】

紫苏含有多种化学成分，主要含有挥发油、黄酮、苷类、脂类等成分[26]。

（1）挥发油：紫苏中挥发油含量丰富，是其主要活性成分之一，主要包含紫苏醛、紫苏醇、沉香醇、二氢紫苏醇、柠檬烯、β-丁香烯、左旋柠檬烯、紫苏酮、白苏酮、异白苏烯酮、香薷酮和丁香油酚等。提取紫苏中挥发油的主要方法为水蒸气蒸馏法。

（2）黄酮：紫苏叶中黄酮类化合物主要为芹黄素和木犀草素。提取紫苏黄酮的常用方法为超声波辅助提取法。

（3）苷类：紫苏中苷类化合物主要有紫苏苷 A～E、野樱苷、苯甲醇葡萄糖苷、接骨木苷、苯戊酸 3-吡喃葡萄糖苷、3-β-D-吡喃葡萄糖基异西葫芦子酸、5′-β-D-吡喃葡萄糖氧基茉莉酸、胡萝卜苷、苦杏仁苷等。热水提取法是提取紫苏苷类最常用的方法。

（4）脂类：紫苏籽中富含脂肪，含量可达 36%～50%，多以高度不饱和脂肪酸组成。紫苏油脂常用的提取方法为冷榨法。

【药效特点】

（1）抗菌：紫苏叶的水煎剂对金黄色葡萄球菌有抑制作用，并对各种霉菌也有较好的抑制作用[27]。

（2）解热：紫苏叶煎剂对伤寒引起的发热有较好的缓解作用。

（3）止咳平喘：紫苏叶成分中的丁香烯对气管有松弛作用，对药物所致咳嗽有明显的治疗作用。

（4）降血脂：紫苏子具有降血脂及降血压的作用；对动脉内膜增生有显著防治效果[28]。

【药用时的用法用量】

内服：煎服，5～9 g，不宜久煎。

【食用方法】

（1）紫苏煎黄瓜：黄瓜洗净后切大片，紫苏洗净切碎，将黄瓜片煎至两面发黄软嫩，放入蒜蓉，最后放入紫苏末炒匀即可。

（2）紫苏粥：以粳米煮稀粥，加入紫苏叶稍煮，加入红糖搅匀即成。

【开发利用】

（1）紫苏的药用开发：紫苏与红景天根块粉配制成胶囊，具有降血压、降血脂、耐缺氧、抗疲劳、调节人体免疫、延缓人体衰老等功效，且药性温、效果好、副作用小。

（2）紫苏的食品开发：紫苏饮料是以紫苏叶为主要原料，配以蜂蜜、酸味调节剂等制成的天然饮品。紫苏可与芦荟、仙人掌等其他原料制成口味独特、具有营养保健功能的复合饮料。紫苏籽油可添加到儿童食品中。紫苏配以牛乳、蔗糖制成乳饮料，口感良好，有保健功能。紫苏可同茶叶等制成茶饮料。

蒲公英

Taraxaci Herba

蒲公英为菊科植物蒲公英 *Taraxacum mongolicum* Hand. -Mazz. 或同属植物的干燥全草，别名黄花地丁、婆婆丁、华花郎等。蒲公英为多年生草本植物，头状花序，种子上有白色冠毛结成的绒球，花开后随风飘到新的地方孕育新生命。分布于全国各地，国外各地均有发现。

【性味功效】

性寒，味甘、微苦。归肝、胃经。

具有清热解毒、消肿散结、利尿通淋的功效。用于治疗疔疮肿毒、乳痈、瘰疬、牙痛、目赤、咽痛、肺痈、肠痈、湿热黄疸、热淋涩痛等。

【化学成分】

蒲公英的化学成分主要有甾醇、萜类、黄酮和多糖等[29]。

（1）甾醇：甾醇是蒲公英的主要化学成分之一，包括谷甾醇、豆甾醇、环木菠萝醇等。提取蒲公英甾醇的主要方法为回流萃取法。

（2）萜类：蒲公英含有的萜类化合物主要有倍半萜和三萜等，其中倍半萜成分包括莴苣素 A、蒲公英酸 -l-*O*-*β*-D- 吡喃葡糖苷、蒙古蒲公英素 B、异东莨菪碱 A 等；三萜类成分常见的有伪蒲公英甾醇、棕榈酸酯和伪蒲公英甾醇乙酸酯、蒲公英甾醇、山金车烯二醇、羽扇豆醇等。蒲公英萜类化合物的提取方法主要为超声波辅助提取法。

（3）黄酮：蒲公英黄酮包括香叶木素、芹菜素、木犀草素、槲皮素及其糖苷等。提取蒲公英黄酮类化合物的常用方法为溶剂提取法。

（4）多糖：多糖是蒲公英的主要化学成分之一，其单糖组成为葡萄糖、果糖、木糖等。提取蒲公英多糖常用的方法有酶提取法、超声波辅助提取法、热水提取法等。

【药效特点】

（1）抑菌：蒲公英具有广谱抑菌作用，对革兰氏阳性球菌、大肠杆菌、革兰氏阴性球菌、枯草芽孢杆菌具有一定的抑制作用[30]。

（2）抗炎：蒲公英的主要抗炎成分为蒲公英黄酮，其对二甲苯致小鼠耳廓肿胀、蛋清致大鼠足跖肿胀及大鼠棉球肉芽肿均有明显抑制作用。

（3）抗肿瘤：蒲公英具有显著的抗肿瘤作用，蒲公英多糖可通过间接抑制相关蛋白的表达来诱导乳腺癌细胞凋亡，发挥体内抗乳腺癌作用。

【药用时的用法用量】

内服：煎汤，15～50 g；捣汁或入散剂。

外用：捣敷。

【食用方法】

（1）蘸酱生食：把蒲公英嫩叶洗干净，蘸酱直接食用。

（2）朝鲜族美味蒲公英：蒲公英洗净，用盐腌3天；将栗子去皮切丝，蒜姜捣碎，香菜切段；鲅鱼煮汤，捞出鱼，汤冷却后与捣碎的蒜姜末、香菜、栗子丝、辣椒面放到一起调成糊状，与蒲公英一起拌匀，装入瓷罐或食盒密封，发酵两天后食用。

（3）蒲公英汤：将蒲公英焯水取出，切段后加水煮沸，加适量油、盐等调味，出锅即可食用。

（4）素炒蒲公英：将蒲公英焯水取出，切细备用。油锅烧热后，放入备好的蒲公英，加盐炒至入味，出锅装盘即可食用。

【开发利用】

（1）蒲公英的药用开发：蒲公英颗粒是将蒲公英干浸膏粉碎过筛，加入辅料后制成软材，制粒、干燥、整粒、过筛后即得，可用于治疗扁桃体炎、腮腺炎、咽喉肿痛等。蒲公英胶囊是蒲公英浸膏与鱼腥草、金银花、栀子等混合制成的硬胶囊，此类成品崩解时间短、生物利用度高，能掩盖苦味，对调节人体内分泌、提高机体免疫力及治疗多种感染性炎症有较好的疗效。

（2）蒲公英的食用开发：蒲公英牛奶是将一定量的蒲公英汁加入鲜牛奶中混匀、杀菌、接入乳酸菌种发酵而成，能增强儿童消化吸收能力，提高儿童免疫力，对儿童肥胖病和性早熟有一定预防作用。蒲公英酒是将蒲公英干品和啤酒花加入煮沸的大麦芽、焦玉米滤液中，再次煮沸后调整麦汁浓度，加啤酒酵母发酵、精滤、灌装、灭菌后制作而成，具有消热解暑的作用。

薤白

Allii Macrostemonis Bulbus

薤白为百合科植物小根蒜 *Allium macrostemon* Bge. 或薤 *Allium chinense* G. Don 的干燥鳞茎，别名小根蒜、山蒜、苦蒜、小么蒜、小根菜、大脑瓜儿、野蒜。植株长 20 ～ 40 cm，宽 3 ～ 4 mm，鳞茎近球形，外被白色膜质鳞皮，生于耕地杂草中及山地较干燥处。主要分布于我国黑龙江、吉林、辽宁、山西、河北、贵州、云南、湖北、甘肃、江苏等地。俄罗斯、朝鲜等地也有分布。

【性味功效】

性温，味辛、苦。归肺、胃、大肠经。

具有增进食欲、帮助消化、解除油腻、健脾开胃、温中通阴、舒筋益气、通神安魂、散瘀止痛等功效。

【化学成分】

薤白中化学成分主要有挥发油、皂苷、多糖等[31]。

（1）挥发油：薤白中所含挥发油主要为含硫化合物，是易挥发、有特殊气味、成分复杂的油状物。主要提取方法为水蒸气蒸馏法。

（2）皂苷：薤白中皂苷主要是苷元为甾烷的甾体皂苷，如螺甾皂苷和呋甾皂苷，是薤白的主要化学成分之一。提取薤白皂苷的常用方法为热水提取法。

（3）多糖：薤白富含多糖类成分，其单糖组成主要包括半乳糖、葡萄糖、果糖、木糖和鼠李糖。提取薤白多糖的常用方法为热水提取法。

【药效特点】

（1）解痉平喘：薤白可通过抑制炎症反应，缓解支气管平滑肌痉挛，从而达到平喘效果。

（2）抗氧化：薤白鲜汁可显著提高过量氧应激态大鼠血清中的 SOD 和过氧化氢酶（CAT）的活性，保护 T 淋巴细胞，进而抑制形成血清过氧化脂质。薤白多糖具有抗羟自由基和超氧阴离子的双重功效，且呈剂量依赖关系。

（3）调血脂、抗动脉粥样硬化：薤白水煎液可减弱动脉粥样硬化，减小动脉壁厚度，解除血液的高凝状态[32]。

（4）抗菌：薤白水提取物具有广泛的抑菌能力，其中对金黄色葡萄球菌抑制作用最强。

（5）抗肿瘤：薤白对胃癌细胞的生长有一定的抑制作用。

【药用时的用法用量】

内服：煎汤，5 ~ 10 g，鲜品 30 ~ 60 g；或入丸、散，亦可煮粥食。

外用：适量，捣敷，或捣汁涂。

【食用方法】

（1）薤白煎鸡蛋：薤白洗净切碎，鸡蛋打入碗内搅散，加精盐、花椒、大料、料酒搅匀，锅中放油，旺火烧热后倒入鸡蛋菜液，摊成饼状；底面煎好后翻起，两面煎至金黄色即可出锅装盘。

（2）直接食用：薤白的菜叶近于葱，鲜菜择洗干净，蘸酱食用。

【开发利用】

薤白汁液与红枣、山楂混合制作而成的保健饮料，有降血脂、防止动脉粥状硬化、抗癌、防衰等功效。薤白作为一种可食用野生蔬菜，常在早春或深秋季节上市，和大蒜类似，可以作为调味剂。目前还有薤白火腿肠、薤白蒜泥等产品上市。目前未见药用开发。

藿香

Pogostemonis Herba

藿香为唇形科植物广藿香 *Agastache rugosa* (Fisch. et Mey.) O. Ktze. 的干燥地上部分。广藿香别名合香、苍告、山茴香等，属唇形科，多年生草本植物。茎直立，高 0.5 ～ 1.5 m，四棱形，粗达 7 ～ 8 mm。主要分布于我国东北、华东、西南及河北、陕西、河南、湖北、湖南、广东等地。俄罗斯、朝鲜、日本及北美也有分布。

【性味功效】

性微温，味辛。归脾、胃、肺经。

具有化湿、止呕、解暑的功效。主治湿阻中焦、呕吐、暑湿或湿温初起。

【化学成分】

藿香中主要成分有黄酮、萜类、甾体、挥发油等[33]。

（1）黄酮：藿香黄酮主要包括芹黄素、鼠李黄素、商陆黄素等。提取藿香黄酮的常用方法为超声波辅助提取法、醇提法、微波辅助提取法、酶辅助提取法等。

（2）萜类：藿香中包括三萜类、二萜类和倍半萜类化合物，如广藿香烷型（分为 α- 广藿香烷型和 β- 广藿香烷型两种）、愈创木烷型和广藿香醇型等。提取藿香萜类的方法有超声波辅助提取法和溶剂提取法等。

（3）甾体：目前从藿香中分离得到的甾体化合物均为豆甾类，如豆甾醇、谷甾醇、胡萝卜苷等。提取藿香甾体的方法有溶剂提取法和沉淀法等。

（4）挥发油：藿香的主要药效成分为挥发油，如广藿香醇和广藿香酮等。提取藿香挥发油的主要方法为水蒸气蒸馏法。

【药效特点】

（1）抗菌消炎：藿香中含有多种天然消炎杀菌成分，对金黄色葡萄球菌、幽门螺旋杆菌、大肠杆菌、痢疾杆菌、肠炎沙门菌、枯草芽孢杆菌、白葡萄球菌、铜绿假单胞菌、四联球菌、沙门氏菌等都有不同程度的抑制作用[34]。

（2）镇静安神：藿香中所含的芳香类化合物具有镇静安神、调节神经、防止神经衰弱、减少焦虑抑郁和头昏等作用。

（3）调节肠胃功能：藿香可调节人体肠胃功能，促进消化液分泌，加快肠胃蠕动，促进消化，对肠道自发收缩和痉挛收缩有明显抑制作用，在不同程度上增加胃酸分泌，显著提高胃蛋白酶活性，促进胰腺分泌胰淀粉酶。

（4）抗病毒：藿香对腺病毒、甲型流感病毒、柯萨奇病毒、季节性流感病毒等均有抑制作用，在预防和治疗流感病毒方面有广阔应用。

【药用时的用法用量】

内服：藿香地上部分入药 5 ～ 10 g，鲜品加倍。

【食用方法】

（1）煮粥：将藿香研成细末，大米洗净后入锅，加清水煮制成粥，在八成熟时，加入准备好的藿香末，调匀以后再煮 10 分钟，出锅即可食用。

（2）做汤：将藿香、扁豆花、佩兰和金银花全部放到锅中，加清水煮开，去掉药渣，加适量的冰糖，直接饮用。

（3）藿香煎饼：新鲜的藿香叶洗净切碎放在碗中，加少量食用盐，放入 3 个鸡蛋，调匀，平锅放油，倒入蛋液，煎成两面金黄的饼状，出锅食用。

【开发利用】

（1）藿香的药用开发：藿香正气为传统中成药，过去有丸剂、口服液，现在有软胶囊。主要成分为藿香、茯苓、大腹皮、紫苏叶、白芷、橘皮、桔梗、白术、厚朴（姜炙）、生半夏、甘草等。可解暑祛湿，多用于外感暑湿引起的发热、胸闷、腹胀、吐泻；亦可和胃止呕，多用于湿浊过盛引起的恶心呕吐；同时可芳香化浊，常用于脾湿胃浊引起的食欲不振、舌苔厚腻、腹泻等症。

（2）藿香的食用开发：藿香作为山野菜食品，可进行保鲜加工和冷冻处理，或制成罐头食品，或磨成干粉；也可加工成香料或调味料，民间常用藿香作为炖鱼的调味菜，烙饼、烤锅盔、蒸馒头、做面条等都可加入藿香用以佐味。

蜂蜜

Mel

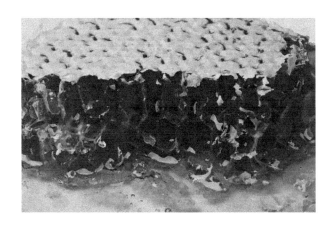

蜂蜜为蜜蜂科昆虫中华蜜蜂 *Apis cerana* Fabricius 或意大利蜂 *Apis mellifera* Linnaeus 所酿的蜜，别名蜂糖、白蜜、食蜜、百花精等，是蜜蜂在蜂巢中将从开花植物的花中采得的花蜜充分酿造而成的天然甜物质，为半透明、带光泽、浓稠的白色、淡黄色或橘黄色至黄褐色液体，具有很高的营养价值。蜂蜜可作为食品单独服用，还可作为食品添加剂。同时，蜂蜜也是一种常用中药。蜂蜜的应用历史悠久，《神农本草经》将蜂蜜列为上品，并指出蜂蜜有"除百病、和百药"的作用，且"多服久服不伤人"。

目前，蜂蜜的分类有不同标准：

（1）根据等级分类

① 一等蜂蜜：它是枇杷、荔枝、龙眼、椴树、槐花、紫云英、狼牙刺、荆条蜜、百花蜜等来源的蜜，为水白色、白色或浅琥珀色的液体或结晶体，具有蜜源植物特有的花香。

② 二等蜂蜜：它是枣花、棉花等来源的蜜，为黄色、浅琥珀色或琥珀色液体或结晶体，具有蜜源植物特有的香味。

③ 三等蜂蜜：它是乌桕等来源的蜜，为黄色、浅琥珀色或深琥珀色的液体或结晶体，无异味。

④ 四等蜂蜜：它是葵花、桂花、柚子、柑桔、桉树等来源的蜜，为深琥珀色或深棕色的液体或结晶体，混浊，有刺激味。

（2）根据采蜜蜂种分类

我国现有的蜂种资源以意大利蜜蜂与中华蜜蜂为主，所采的蜜分别称为意蜂蜜与中蜂蜜（土蜂蜜）。

（3）根据蜜源植物分类

① 单花蜜：它是来源于单一植物花期的各种花蜜，如桔花蜜、荔枝蜜、龙眼蜜、狼牙蜜、柑橘蜜、枇杷蜜、油菜蜜、刺槐蜜、紫云英蜜、枣花蜜、野桂花蜜、荆条蜜、益母草蜜、野菊花蜜等。

② 杂花蜜（百花蜜）：它是来源于不同蜜源植物的蜜。由于其蜜源多样，医疗保健的功效相对稳定，常被用作药引子。

【性味功效】

性平，味甘。归肺、脾、大肠经。

补中，润燥，止痛，解毒。用于脘腹虚痛、肺燥干咳、肠燥便秘。外治疮疡不敛，水火烫伤。

【化学成分】

蜂蜜中成分复杂，现已知的成分有百余种。其中糖类成分约占3/4，其他成分包括氨基酸、维生素、有机酸、微量元素等[35]。

（1）糖类：蜂蜜中的糖类成分以还原糖为主，主要通过蜜蜂分泌的转化酶作用而产生，占蜂蜜总成分的70%以上。它赋予蜂蜜甜味、吸湿性和触变性等特性。

（2）酶类：蜂蜜中含有多种人体所需的酶类，如淀粉酶、氧化酶、还原酶、转化酶等。蔗糖酶和淀粉酶可以促进糖类吸收；葡萄糖转化酶直接参与物质代谢；过氧化氢酶有抗氧自由基的作用，可缓解机体老化和癌变。

（3）黄酮类：蜂蜜中的黄酮类化合物源于植物分泌物、花蜜、花粉以及蜂巢中的蜂胶。主要包括山柰酚、柚皮素、柚皮苷、槲皮素、橙皮素、杨梅酮、桑色素、木犀草素、高良姜素、松属素等。

（4）矿物质：蜂蜜中含有的矿物元素达50余种，其中主要元素为Na、K、Ca、Mg、P、S、Cl，微量元素为Al、Cu、Pb、Zn、Mn、Cd、Tl、Co、Ni等，其中K、Na、Ca、Mg平均含量为每100 g蜜含10 mg以上。

（5）氨基酸：蜂蜜中含有20余种氨基酸，包括天冬氨酸、苏氨酸、丝氨酸、谷氨酸、甘氨酸、丙氨酸、缬氨酸等。不同种类蜂蜜中的氨基酸总含量差异较大，每100 g蜂蜜中游离氨基酸含量范围为30 ～ 1572.9 mg。

（6）维生素：蜂蜜中维生素以水溶性维生素为主，包括维生素C、维生素B₁、

维生素 B_2、维生素 B_3、维生素 B_5、维生素 B_6 和维生素 B_9 等，也存在少量 β- 胡萝卜素、维生素 A、维生素 E、维生素 D_3 等脂溶性维生素。

（7）其他物质：蜂蜜中含有花粉、色素、蜡质等物质。

【药效特点】

（1）保护肝脏：蜂蜜对四氯化碳中毒大鼠的肝脏具有保护作用，能增加动物体内氨基己糖、肝糖原含量；使血胆固醇水平恢复正常[36]。

（2）调节糖代谢：蜂蜜中所含乙酰胆碱可降低血糖水平，而葡萄糖可使血糖水平升高。当给予低剂量蜂蜜时，可降低血糖水平；给予高剂量蜂蜜时则使血糖升高。

（3）对心血管系统的作用：蜂蜜具有强心作用，能使冠状血管扩张，消除心绞痛，提高幼儿的血红蛋白含量。

（4）抗菌：未经处理的天然成熟蜂蜜具有很强的抗菌能力。其机制与蜂蜜中具有较高的糖浓度和较低的 pH，可抑制微生物生长发育有关，且蜂蜜中的葡萄糖在葡萄糖氧化酶的作用下能够产生过氧化氢，具有抗菌作用。

（5）加速创伤组织的愈合：蜂蜜能使创伤处的分泌物中谷胱甘肽含量大量增加，刺激细胞的生长和分裂，促进创伤组织的愈合。

【药用时的用法用量】

根据药典记载，每日用量 15 ～ 30 g。

【食用方法】

（1）蜂蜜鲜藕汁：取鲜藕适量，洗净，切片，压取汁液，按 1 杯鲜藕汁加 1 汤匙蜂蜜比例调匀服食。每日 2 ～ 3 次，适用于热病烦渴、中暑口渴等。

（2）鲜百合蜂蜜：将百合放入碗中，上屉蒸熟，待温时加蜂蜜拌匀。睡前服，适宜于失眠患者常食。

（3）柠檬蜂蜜泡水：将新鲜柠檬切片装在小玻璃瓶中，放一片柠檬加入一层蜂蜜，至整个柠檬装完，放入冰箱。服用时，取一片柠檬放在杯中，加入一勺蜂蜜，用温水冲调。每日饭后 1.5 ～ 2 小时食用比较适宜，每次口服一茶勺。

【开发利用】

（1）蜂蜜的药用开发：蜂蜜为中药材饮片炮制中常用的辅料之一，其炮制目的是使蜂蜜渗入药材饮片组织内部，以改变药性，增加疗效或减少副作用。如蜜炙黄芪、蜜炙甘草可增加补中益气的作用；蜜炙百部、蜜炙款冬花可增加润肺止咳作用。蜂蜜可作为液体制剂的矫味剂，提高制剂澄明度，减少沉淀，调和诸药。

（2）蜂蜜的食用开发：蜂蜜面包是以蜂蜜、面粉为主要原料制成的食品，因蜂蜜中含有大量的果糖，具有吸湿性和保持水分的特性，可保持面包松软。蜂蜜牛奶是以蜂蜜和牛奶为主要原料制成的乳制品，具有缓解失眠、安神的功效。

百合

Lilii Bulbus

百合为百合科植物卷丹 *Lilium tigrinum* Ker Gawler、百合 *Lilium brownii* F. E. Brown ex Miellez var. *viridulum* Baker 或细叶百合 *Lilium pumilum* DC. 的干燥肉质鳞叶，别名强蜀、番韭、山丹、倒仙、重迈、中庭、摩罗、重箱、中逢花、百合蒜、大师傅蒜、蒜脑薯、夜合花等，为多年生草本球根植物。百合原产于中国，主要分布在亚洲东部、欧洲、北美洲等北半球温带地区，全球约发现 120 个品种，其中 55 种产于中国。

【性味功效】

性寒，味甘。归心、肺经。

养阴润肺，清心安神。用于阴虚燥咳、劳嗽咳血、虚烦惊悸、失眠多梦、精神恍惚。

【化学成分】

百合中主要含有酚酸甘油酯、苷类、生物碱及多糖等成分，另外还富含磷脂、蛋白质和无机元素[37]。

（1）酚酸甘油酯：从百合的氯仿可溶性部分分离得到 1，3-O- 二阿魏酰基甘油、1-O- 阿魏酰基 -3-O- 对香豆酰基甘油。从百合的正丁醇可溶性部分可分离得到 1-O- 阿魏酰甘油、1-O- 对香豆酰基甘油，均为酚酸甘油酯。

（2）苷类：百合醇提液的正丁醇萃取部分，经分离得到两个酚性苷类化合物，即 3，6-*O*- 二阿魏酰蔗糖和 4-*O*- 乙酰基 -3,6-*O*- 二阿魏酰蔗糖。此外，还可分离得甾体糖苷，如（2*S*）-1-*O*- 对香豆酰基 -2-*O*-*β*-D- 吡喃葡萄糖基 -3-*O*- 乙酰甘油，（2*S*）-1-*O*- 对手香豆酰基 -2-*O*-*β*-D- 吡喃葡萄糖基甘油，（2*S*）-1-*O*- 咖啡酰基 -2-*O*-*β*-D- 吡喃葡萄糖基 -3-*O*- 乙酰甘油，（2*S*）-1-*O*- 对香豆酰基 -3-*O*-*β*-D- 吡喃葡萄糖基甘油，（2*S*）-1-*O*- 对阿魏酰基 -3-*O*-*β*-D- 吡喃葡萄糖甘油。

（3）生物碱：百合生物碱含有秋水仙碱，其分子式为 $C_{22}H_{25}NO_6$。

（4）其他类成分：百合花中含有 *β*- 谷甾醇、豆甾醇、大黄素。此外，百合中还含有蛋白质，脂肪，纤维素，钙、磷、铁等无机元素和多种维生素。

【药效特点】

（1）抗癌：百合所含的秋水仙碱可抑制癌细胞的增殖，其作用机制为抑制肿瘤细胞的纺锤体分裂，使其停留在分裂中期，不能进行有效的有丝分裂，特别是对乳腺癌的抑制效果比较好。

（2）对呼吸系统的作用：百合具有止咳作用，可明显延长二氧化硫引咳潜伏期，其水煎剂对氨水引起的小鼠咳嗽具有止咳作用，百合蜜制后，可增强上述两种化学刺激性咳嗽的止咳作用；可通过增加气管分泌起到祛痰作用；可对抗组胺引起的动物哮喘。

（3）耐缺氧与抗疲劳：百合水提液、水提醇沉液均可延长正常小鼠常压耐缺氧和异丙肾上腺素所致耗氧增加的缺氧小鼠存活时间。水提液可延长甲状腺素所致"甲亢阴虚"动物的常压耐缺氧存活时间；可明显延长动物负荷游泳时间，亦可使肾上腺素皮质激素所致的"阴虚"小鼠及烟熏所致的"肺气虚"小鼠负荷游泳时间延长。

（4）免疫调节：百合能够促进机体细胞免疫功能，对小鼠免疫功能具有明显的调节作用[38]。

【药用时的用法用量】

内服：煎汤，6～12 g；或入丸、散；亦可蒸食、煮粥。

外用：适量，捣敷。

【食用方法】

（1）煮粥：将百合与粳米洗干净，放入锅内，加水，小火煨煮，至百合与粳米熟烂时，加糖适量，即可食用。百合粥对中老年人及病后身体虚弱而有心烦失眠、低热易怒者尤为适宜。在百合粥内加入银耳，有较强的滋阴润肺之用；加入绿豆，可加强清热解毒之效。

（2）做汤：将百合除去杂质洗净，在清水中反复漂洗后加水入锅，用水煮至极烂,加入适量白糖,带汤一并食用,可作结核病患者的食疗佳品。食用时虽略带苦味,但细品其味则苦中带甜,令人回味。

(3)清蒸:将百合洗净后掰开成片状,置于盘中,加白糖蒸熟即可。此食谱出自《素食说略》,具有润肺止咳、清心安神的功效,可治疗干咳、久咳、失眠、心烦等病症。

【开发利用】

(1)百合的药用开发:双花百合片是以黄连、百合、紫草、金银花、淡竹叶等为主要原料制成的薄膜衣异型片,除去薄膜衣后显棕黑色,具有清热泻火、解毒凉血的功效,可用于治疗轻型复发性口腔溃疡。百合固金口服液是以白芍、百合、川贝母、当归、地黄、甘草、桔梗为主要原料制成的口服液,具有养阴润肺、化痰止咳的功效,可用于治疗肺肾阴虚、燥咳少痰、痰中带血、咽干喉痛。

(2)百合的食用开发:百合杏仁粉是以百合、杏仁、燕麦为主要原料制成的食品,可作为代餐粉食用,具有美白、去黄等作用。百合花茶是以百合为主要原料晒干制成的冲泡类饮品,具有安神、改善睡眠等功效。

党参

Coconopsis Radix

党参为桔梗科植物党参［*Codonopsis pilosula* (Franch.) Nannf.］、素花党参［*Codonopsis pilosula* (Franch.) Nannf. var. *modesta* (Nannf.) L. T. Shen］或川党参［*Codonopsis tangshen* Oliv.］的干燥根。党参又称防风党参、黄参、防党参、上党参、狮头参、中灵草、黄党，为多年生草本植物。根常肥大呈纺锤状或纺缍状圆柱形。主要分布于我国西藏东南部、四川西部、云南西北部、甘肃东部、陕西南部、宁夏、青海东部、河南、山西、河北、内蒙古及东北等地区。朝鲜、蒙古和俄罗斯远东地区亦有分布。

【性味功效】

性平，味甘。归脾、肺经。

补中，益气，生津。主治脾胃虚弱、气血两亏、体倦无力、食少、口渴、久泻、脱肛。

【化学成分】

党参含有多种化学成分，包括多糖、苷类、甾体等[39]。

（1）多糖：党参多糖是党参的主要成分之一，其单糖组成主要为五碳糖和六碳糖，如木糖、阿拉伯糖、鼠李糖、葡萄糖、果糖等。党参多糖具有清除自由基、调节机体免疫力、改善学习记忆、抗氧化等作用。目前常用的提取方法为溶剂提取法、超声波辅助提取法、微波辅助提取法、酶解提取法和超临界流体萃取法。

（2）苷类：党参中的苷类主要为烷基糖苷类化合物，如党参炔苷、京尼平苷、乙基 -α-D- 呋喃果糖苷、正己基 -β-D- 吡喃葡萄糖苷、β-D- 果糖正丁醇苷等，其中党参炔苷是党参中重要的有效成分之一，对乙醇造成的胃黏膜损伤有较好的保护作用，《中国药典》（2020 版）中以党参炔苷为特征性成分用以鉴定。目前提取党参苷类化合物的方法有酶解法、超声波辅助提取法、超高压提取法、微波辅助提取法等。

（3）甾体：党参中的甾体类成分为甾醇、甾酮、甾苷，包括 α- 菠甾醇、β- 菠甾醇、α- 菠甾酮、豆甾醇、$\Delta^{5,22}$-豆甾烯醇、Δ^{7}-豆甾烯醇、豆甾酮、Δ^{7}-豆甾烯酮等，具有良好的抗炎活性。目前提取党参甾体的方法有水提醇沉法、有机溶剂提取法、超临界流体萃取法等。

（4）其他：党参中含有 Ca、Mg、Zn、Fe、Cu、Mn 等 30 余种无机元素及缬氨酸、苏氨酸、赖氨酸等人体必需氨基酸。

【药效特点】

（1）抗氧化：党参中的糖类、甾体、萜类、水溶性生物碱等均具有较好的抗氧化作用[40]。

（2）提高机体免疫力：党参多糖对动物免疫器官、免疫细胞以及免疫分子均具有调节作用。

（3）抗溃疡：党参可抑制胃酸分泌，降低胃液酸度；促进胃黏液的分泌，增强胃黏液 - 碳酸氢盐屏障，增加对胃黏膜有保护作用的内源性前列腺素含量。

（4）调节脂肪：党参中所含有的胆碱，能够预防脂肪在肝中的沉积，有效调节肝和胆囊的功能，对降血压、抗脂肪肝有重要作用。党参中含有丰富的不饱和脂肪酸，对降低血清胆固醇和甘油三酯起重要作用，可促进胆固醇等成分在血液中的运行，减少血小板黏附性，防治动脉硬化。

【药用时的用法用量】

根据药典记载，每日用量 9～30 g。

【食用方法】

（1）党芪炖鸡：母鸡一只，党参、黄芪各 52 g，大枣 5 枚，加生姜，共炖，熟后加盐、味精，吃肉、饮汤。本药膳具有改善老年体弱、贫血之功效。

（2）党枣炖肉：瘦猪肉 100 g，党参 30 g，大枣 5 枚，加适量调料炖服。本药膳取其治疗气血两虚之功效。

（3）归参山药猪腰：猪腰子 500 g，当归、党参、山药各 10 g，投入砂锅中清炖至熟，将熟猪腰子切成薄片装盘，撒葱、姜、蒜末，淋酱油、醋、香油即成。本药膳具有健脾益气、防衰老之功效。

【开发利用】

（1）党参的药用开发：参芪咀嚼片是由黄芪、党参组成的中成药，具有补益元气的功效，用于治疗气虚体弱、四肢无力。复方党参片是以党参、丹参、当归、北沙参、金果榄为主要原料制成的中成药。具有活血化瘀、益气宁心的作用，用于治疗心肌缺血引起的心绞痛及胸闷等。党参健脾益胃含片以党参、山药、木贼、枸杞子、马齿苋、十大功劳叶、茅莓、松子仁、羧甲基纤维素、水溶性淀粉和葡萄糖等为原料，经过选料，烘干，煎煮，混合，制粉，压片，包装制成含片，具有健脾益胃之效。

（2）党参的食用开发：将 25 g 党参拍裂、切片，25 g 枸杞子洗净、晾干，共置容器中，加入 500 mL 米酒，密封，浸泡 7 日后，过滤去渣，即成党参枸杞酒。该酒具有补气健脾、养肝益胃的功效，适用于脾胃气虚、血虚萎黄、食欲缺乏、肢体倦怠、腰酸头晕等症。

参 考 文 献

[1] 陈丽雪，曲迪，华梅，等．不同年生和不同部位人参样品有效成分的比较［J］．食品科学，2019, 40(08): 124-129.

[2] 王巍，苏光悦，胡婉琦，等．近10年人参皂苷对心血管疾病的药理作用研究进展［J］．中草药，2016, 47(20): 3736-3741.

[3] 赵彧，万志强，张荣榕，等．复方人参免疫增强方配比优选及其对小鼠的免疫活性和急性毒性研究［J］．中国药房，2020, 31(02): 196-201.

[4] 杨炳友，杨春丽，刘艳，等．小蓟的研究进展［J］．中草药，2017, 48(23): 5039-5048.

[5] 王鹤辰，包永睿，王帅，等．中药小蓟不同药用部位体外抗炎、促凝血的作用研究［J］．世界科学技术：中医药现代化，2019, 21(03): 413-418.

[6] 王天宁，刘玉婷，肖凤琴，等．马齿苋化学成分及药理活性的现代研究整理［J］．中国实验方剂学杂志，2018, 24(06): 224-234.

[7] 林宝妹，张帅，洪佳敏，等．马齿苋不同溶剂提取物的抗氧化活性［J］．食品工业，2020, 41(3): 141-145.

[8] 牛广财，李世燕，朱丹，等．马齿苋多糖POP Ⅱ和POP Ⅲ的抗肿瘤及提高免疫力作用［J］．食品科学，2017, 38(3): 201-205.

[9] 李妙然，秦灵灵，魏颖，等．玉竹化学成分与药理作用研究进展［J］．中华中医药学刊，2015, 33(08): 1939-1943.

[10] 霍达，李琳，张霞，等．玉竹多糖的提取工艺优化、结构表征及抗氧化活性的研究［J］．食品科技，2020, 45(07): 200-208.

[11] 钟运香，袁娇，刘丰惠，等．西洋参化学成分、药理作用及质量控制研究进展［J］．中国中医药现代远程教育，2020, 18(07): 130-133.

[12] 刘雪莹，赵雨，刘莉，等．西洋参花多糖的提取和体外免疫调节作用的研究［J］．食品工业，2018, 39(01): 23-25.

[13] 胡高爽，高山，王若桦，等．沙棘活性物质研究及开发利用现状［J］．食品研究与开发，2021, 42(03): 218-224.

[14] 崔米米，武海丽，李汉卿，等．沙棘源多酚的提取及其抗肿瘤活性测定［J］．山西大学学报（自然科学版），2020, 43(3): 621-627.

[15] 刘雅娜，包晓玮，王娟，等．沙棘多糖抗运动性疲劳及抗氧化作用的研究［J］．食品工业科技，2021, 42(10): 321-326.

[16] 陈俏，刘晓月，石亚囡，等．赤小豆化学成分的研究［J］．中成药，2017, 39(07): 1419-1422.

[17] 马云凤，张元林，左茹，等．麻黄连翘赤小豆汤加减治疗支气管哮喘疗效及对体液免疫和炎症因子水平的影响［J］．山东医药，2021, 61(05): 54-57.

[18] 姚奕，许浚，黄广欣，等．香薷的研究进展及其质量标志物预测分析［J］．中草药，2020, 51(10): 2661-2670.

[19] 刘梦婷，罗飞亚，曾建国．石香薷精油成分分析及其抗菌抗氧化活性［J］．中成药，2020, 42(11): 3091-3095.

[20] 邓亚羚，任洪民，叶先文，等．桔梗的炮制历史沿革、化学成分及药理作用研究进展［J］．中国实验方剂学杂志，2020, 26(02): 190-202.

［21］谢雄雄，张迟，曾金祥，等．桔梗提取物部位群镇咳祛痰活性与桔梗皂苷成分研究［J］．中国新药杂志，2019, 28(13): 1647-1653.

［22］杨欣，王乐．桔梗提取物对类风湿性关节炎大鼠的抗炎作用［J］．现代食品科技，2020, 36(01): 22-27.

［23］胡妮娜，张晓娟．黄芪的化学成分及药理作用研究进展［J］．中医药信息，2021, 38(01): 76-82.

［24］吕琴，赵文晓，王世军，等．黄芪活血功效及现代药理学研究进展［J］．中国实验方剂学杂志，2020, 26(09): 215-224.

［25］孔祥琳，吕琴，李运伦，等．黄芪甲苷对心脑血管疾病的现代药理作用研究进展［J］．中国实验方剂学杂志，2021, 27(02): 218-223.

［26］毛祈萍，何明珍，黄小方，等．基于超高效液相色谱和飞行时间质谱联用的紫苏化学成分鉴定［J］．现代食品科技，2021, 37(01): 282-291+259.

［27］王素君，张良晓，李培武，等．紫苏籽油抗菌活性研究［J］．中国食物与营养，2017, 23(11): 38-41.

［28］申思洋，茮建峰，柴逸飞，等．红花籽油和紫苏籽油不同配比降血脂作用研究［J］．中国油脂，2020, 45(02): 106-110.

［29］赵阳，刘娜，王园，等．蒲公英的活性成分及其在动物生产应用中的研究进展［J］．饲料研究，2021, 44(01): 113-116.

［30］庞纪伟，崔鹏程，冯印，等．蒲公英不同部位提取物抑菌作用研究及口服液研制［J］．基因组学与应用生物学，2021, 40(01): 414-420.

［31］盛艳华，李萌萌，郭云龙，等．薤白化学成分及其提取分离研究进展［J］．特产研究，2020, 42(05): 61-70.

［32］黄翰文，刘雅蓉，施晓艳，等．基于血管平滑肌自噬探讨瓜蒌 - 薤白对 ApoE~(-/-) 小鼠动脉粥样硬化斑块形成的影响［J］．中国实验方剂学杂志，2021, 27(06): 23-29.

［33］吴卓娜，吴卫刚，张彤，等．不同产地广藿香化学成分及药理作用研究进展［J］．世界科学技术 - 中医药现代化 , 2019, 21(06): 1227-1231.

［34］王磊，李跟旺．广藿香抗菌消炎调节免疫作用的最新研究［J］．西部中医药，2018, 31(02): 138-140.

［35］汪思凡，曹振辉，潘洪彬，等．蜂蜜化学成分及其主要生物学功能研究进展［J］．食品研究与开发，2018, 39(01): 176-181.

［36］Ag A , Ms B , Rlac D , *et al.* Potential mechanisms of improvement in body weight, metabolic profile, and liver metabolism by honey in rats on a high fat diet ［J］. PharmaNutrition, 2020, 14.

［37］罗林明，裴刚，覃丽，等．中药百合化学成分及药理作用研究进展［J］．中药新药与临床药理，2017, 28(06): 824-837.

［38］张靖，彭鼎，陈凯，等，百合多糖免疫活性研究进展［J］．中国动物传染病学报，2021, 29(03): 114-118.

［39］黄圆圆，张元，康利平，等．党参属植物化学成分及药理活性研究进展［J］．中草药，2018, 49(01): 239-250.

［40］杜景涛，郑贞，陈骏，等．党参枸杞复合饮料的制备及其抗氧化活性研究［J］．保鲜与加工，2021, 21(02): 109-115+121.

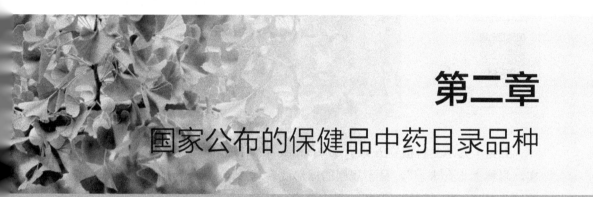

第二章

国家公布的保健品中药目录品种

五味子

Schisandrae Chinensis Fructus

五味子为木兰科植物五味子 *Schisandra chinensis* (Turcz.) Baill. 的干燥成熟果实，习称"北五味子"，呈不规则的球形或扁球形，直径 5 ～ 8 mm，表面红色、紫红色或暗红色，皱缩，肾形，果肉气微，味酸。五味子喜微酸性腐殖土，野生植株生长在山区的杂木林中、林缘或山沟的灌木丛中，缠绕在其他林木上生长，耐旱性较差，生于海拔 1200 ～ 1700 m 的沟谷、溪旁、山坡。主要分布于我国黑龙江、吉林、辽宁、内蒙古、河北、山西、宁夏、甘肃、山东等地，是"龙九味"之一。朝鲜和日本也有分布。

【性味功效】

性温，味酸、甘。归肺、心、肾经。

具有收敛固涩、益气生津、补肾宁心等功效。主治久咳虚喘、梦遗滑精、遗尿尿频、久泻不止、自汗盗汗、津伤口渴、内热消渴、心悸失眠。

【化学成分】

五味子含有多种化学成分，主要为木脂素、挥发油、多糖、黄酮和有机酸等[1]。

（1）木脂素：木脂素是五味子的主要有效成分，母核大多为联苯环辛烯型，大多具有手性差异，主要包括五味子甲素、五味子乙素、五味子丙素、五味子酯丁、五味子酯丙、五味子醇甲、5-羟甲基糠醛、邻苯二甲酸二丁酯、柠檬酸双甲酯、柠檬酸单甲酯等，其中五味子甲素具有逆转肿瘤耐药性的作用。目前提取五味子木脂素的方法有超声波辅助提取法、乙醇热提法等。

（2）挥发油：五味子中含有 5% ～ 6% 的挥发油，具有调节中枢神经系统的作用及增强机体对非特异性刺激的防御能力。目前提取五味子挥发油的方法有水蒸气蒸馏法、超声波辅助提取法、超临界流体萃取法等。

（3）多糖：五味子多糖具有较强的药理活性，如保肝、提高白细胞数量、调节免疫系统功能、清除氧自由基、抗衰老等。目前提取五味子多糖的方法有热水浸提法、加碱提取法、酶辅助提取法、超滤法等。

（4）黄酮：五味子的果实、根、茎、叶中均含有黄酮类化合物，主要包括槲皮素、杨梅素、山奈酚、木犀草素和芹菜素等。目前提取五味子黄酮的方法有超声波辅助提取法、微波辅助提取法和热回流提取法等。

【保健功效】

（1）增强免疫力：五味子多糖具有较强的增加免疫力作用，可使衰老小鼠已萎缩的胸腺及脾脏明显增大变厚，胸腺皮质细胞数及脾淋巴细胞数明显增加，脾小结增大；同时可提高衰老小鼠的免疫功能，可促进衰老小鼠神经细胞的发育[2]。

（2）保肝：五味子中的五味子甲素、五味子乙素、五味子丙素、五味子醇甲、五味子醇乙、五味子酚均有显著保肝作用，能够提高体内抗氧化酶系统的活性，使肝脏中超氧化物歧化酶及过氧化氢酶活性明显提高，进而有利于机体清除超氧阴离子和过氧化氢，减轻其对肝细胞损伤，所以五味子是常见保肝中成药的重要组成。

（3）降血脂：五味子多糖能降低高脂血症大鼠中血清总胆固醇、低密度脂蛋白胆固醇及甘油三酯水平，改善乙酰胆碱引起的内皮依赖性血管舒张反应，增加血清中 NO 水平，提高胸主动脉内皮细胞 NO 表达，并降低血液中丙二醛含量。这表明五味子多糖具有降血脂和保护血管内皮功能的作用[3]。

（4）改善认知功能：五味子木脂素可明显缩短小鼠在水迷宫实验中寻找平台的时间和路程，降低海马区核转录因子 P65 蛋白和 Caspase-3 蛋白的表达。五味子浸出液可延缓老龄小鼠脑神经元的老化，增强小鼠游泳时间[4]。

【药用时的用法用量】

根据药典记载，每日用量 2 ～ 6 g。

【食用方法】

（1）直接服用。

（2）煎煮饮用。

（3）五味子粥：将大米、五味子一起文火熬制，酒后进食能够减少大量酒精对肝的损害。

（4）五味子蜂蜜：由五味子花蕊中的花蜜经反复酿造而成。

日常服用应注意用量，口服生药 13 ～ 18 g 以上，会出现打嗝、反酸、胃烧灼感、肠鸣、困倦等症状，偶尔有过敏反应；感染风寒及痧疹的患者不宜服用。

【开发利用】

（1）五味子的药用开发：五味子糖浆是由五味子粉经浸渍、渗漉等过程而得，为黄棕色至红棕色的黏稠液体，味甜、微酸，具有益气生津、补肾宁心等功效。参芪五味子片以南五味子、党参、黄芪、酸枣仁（炒）为原料制成的糖衣片，除去糖衣后显深棕色，味微苦，用于治疗气血不足、心脾两虚所致失眠、多梦、健忘、乏力、心悸、气短、自汗等症状。复方五味子酊是以五味子、党参、枸杞子和麦冬为主要原料制作而成，可用于治疗过度疲劳、神经衰弱、健忘、失眠等症状。

（2）五味子的食用开发：五味子蜂蜜含五味子素、苹果酸、柠檬酸、维生素A、维生素C，可治疗神经症、干眼病与口腔疾病等。Oriyen 五味子锭片是以五味子萃取物、朝鲜蓟萃取物、巴西莓粉、姜黄素萃取物为主要原料制作而成的保健食品，具有保肝、促进肝组织再生，保护及增强心脏机能，抗自由基侵害等功效。

车前草

Plantaginis Herba

车前草为车前科植物车前 *Plantago asiatica* L. 或平车前 *Plantago depressa* Willd. 的干燥或新鲜全草，别名车轮菜、老夹巴草、猪肚菜、灰盆草，车轱辘菜。夏季采挖，除去泥沙，晒干，为一年生或二年生草本，适应性强，耐寒、耐旱，对土壤要求不严，在温暖、潮湿、向阳、沙质沃土上生长良好，常生于海拔5～4500 m 的草地、河滩、沟边、草甸、田间及路旁。中国大部分地区有分布。朝鲜、俄罗斯（西伯利亚至远东）、哈萨克斯坦、阿富汗、蒙古、巴基斯坦、印度等也均有分布。

【性味功效】

性寒，味甘。归肝、肾、肺、小肠经。

清热，利尿，通淋，祛痰，凉血，解毒。用于热淋涩痛、水肿尿少、暑湿泄泻、痰热咳嗽、吐血衄血、痈肿疮毒。

【化学成分】

随着对车前草研究的不断深入，已从车前草中分离出多种化学成分，如多糖、环烯醚萜、黄酮及微量元素等[5,6]。

（1）多糖：车前草含大量黏液质车前子胶，属多糖类成分，其单糖组成为 L-阿拉伯糖、D-半乳糖、D-葡萄糖、D-甘露糖、L-鼠李糖、D-葡萄糖酸及少量 D-木糖和岩藻糖。目前车前草多糖提取方法有热水提取法、微波辅助提取法、超声波辅助提取法和酶提取法等。

（2）环烯醚萜：目前已从车前草中分离鉴定出齐墩果酸、桃叶珊瑚苷、京尼平苷酸、梓醇等环烯醚萜类成分。

（3）黄酮：黄酮类化合物为车前草主要有效成分之一，其主要包括黄酮、黄酮醇及其苷类，如芹菜素、木犀草素、高车前素等。提取方法主要有微波辅助提取法、超声波辅助提取法。

（4）微量元素：车前草含有 Ca、Mn、Zn、Fe、Mg、P、Cu 等多种微量元素，在人体内具有重要的生理功能。

【保健功效】

（1）抗衰老：车前草多糖在体外条件下有较强的清除自由基能力，可有效预防 $O_2 \cdot$ 和 $OH \cdot$ 对机体产生的危害[7]。

（2）改善肥胖：在饮食中添加车前草粉可抑制肥胖，其通过激活脂肪分解，加速脂肪酸氧化，抑制附睾白色脂肪组织 (WAT) 中脂肪酸合成酶活性，从而促进整个脂肪组织的代谢[8]。

（3）保肝：车前草水提取物可显著降低 CCl_4 和 D- 氨基半乳糖胺所致急性肝损伤小鼠血清中谷丙转氨酶（ALT）和谷草转氨酶（AST）的活性。其甲醇提取物可显著降低 CCl_4 所致肝损伤大鼠血清中 ALT 和 AST 的水平，有助于恢复受损的肝组织。

（4）免疫调节：车前子多糖可显著提高免疫抑制小鼠腹腔巨噬细胞的吞噬活性，促进淋巴细胞转化，具有较好的免疫增强作用。

【药用时的用法用量】

根据药典记载，每日用量 9 ～ 30 g。

【食用方法】

（1）车前汤：将采来的车前叶用水洗净，锅热后放入豆油、葱花、花椒、精盐、姜丝等煸炒几下，加水，放入车前叶，水开后放入味精、香菜，即可食用。此汤具有清热、利尿、消炎的功效。

（2）车前炖猪小肚：所谓"猪小肚"即猪膀胱。将鲜车前草用水洗净，将洗净的猪膀胱放到沸水锅中煮熟，捞出，切块，与车前草、盐、味精、胡椒粉、葱姜、料酒、肉汤等一起放入锅内炖烂。车前炖猪小肚具有清热利湿、利尿通淋的作用，可治疗膀胱炎、尿道炎。

（3）煎煮饮用：取新鲜车前草，去除杂叶，清水冲洗干净，沥干水分，放入茶壶中，注入适量清水，开大火煮 10 ～ 15 分钟，滤去药物残渣，取药汁饮用。

由于车前草是利尿药物，易引起低钾和其他电解质异常，可以适当泡水喝，但不宜长期服用。同时内伤劳倦、阳气下陷，有遗精、遗尿者，脾胃虚寒的人不宜服用，会加重脾胃虚寒症状。

【开发利用】

（1）治疗慢性支气管炎：每日取干车前草 30 ～ 60 g，鲜者加倍，用冷水浸泡 30 分钟后，武火煎煮 2 次服用，每日 1 剂，连用 3 ～ 5 天即可减轻症状或痊愈。

（2）治疗百日咳：每日取干车前草 30 ～ 60 g，鲜者加倍，煎浓汁去渣，加蜂蜜 30 g 调匀，每日分 3 ～ 4 次服用。

（3）治疗腮腺炎：每日取干车前草 30 ～ 60 g，鲜者加倍，煎水 2 次，首次加水 300 mL 煎至 100 mL，第 2 次加水 200 mL 煎至 100 mL，2 次药液混合，分 2 次服用，一般连续服用 3 ～ 5 天即可减轻症状或痊愈，病情重者可酌加药量。

刺五加

Acanthopanacis Senticosi Radix et Rhizoma seu Caulis

刺五加为五加科植物刺五加 *Eleutherococcus senticosus* (Rupr. et Maxim.) Maxim. 的干燥根和根茎或茎。春、秋二季采收，洗净，干燥可得，别名坎拐棒子、老虎潦、一百针，有特异香气，味微辛、稍苦、涩。喜温暖湿润气候，耐寒、耐微荫蔽，宜选向阳、腐殖质层深厚、土壤微酸性的砂质壤土。生于森林或灌丛中，海拔数百米至 2000 m 处均有分布。分布于我国黑龙江（小兴安岭、伊春市带岭）、吉林（吉林市、通化、安图、长白山靖宇县）、辽宁（沈阳）、河北（雾灵山、承德、百花山、小五台山、内丘）和山西（霍州、中阳、兴县）等地，是"龙九味"之一。朝鲜、日本和俄罗斯也有分布。

【性味功效】

性温，味辛、微苦。归脾、肾、心经。

益气健脾，补肾安神。用于脾肺气虚、体虚乏力、食欲不振、肺肾两虚、久咳虚喘、肾虚腰膝酸痛、心脾不足、失眠多梦。

【化学成分】

随着刺五加临床应用的不断扩大，刺五加的化学成分研究不断深入。目前发现其主要含苷类、黄酮、多糖、木脂素、微量元素及氨基酸等化合物[9]。

（1）苷类：刺五加苷和刺五加皂苷均为刺五加的主要活性物质。刺五加根和根茎部主要含有酚苷类化合物，包括胡萝卜苷、紫丁香酚苷、7-羟基-6,8-二甲基香豆精葡萄糖苷、紫丁香树脂酚葡萄糖苷及芝麻素等。刺五加叶和果实中主要含有皂苷类化合物，且大部分属于三萜类皂苷。目前提取方法有微波辅助提取法和复合酶辅助超声法等。

（2）黄酮：刺五加叶中含有较多的黄酮类化合物，包括金丝桃苷、槲皮苷、槲皮素及芦丁等，其中金丝桃苷含量最高。刺五加黄酮具有降血糖、降血脂作用，可防治心脑血管疾病并降低发病率。目前提取刺五加黄酮的方法有超声波辅助提取法、乙醇水回流提取法及超临界流体萃取法等。

（3）多糖：刺五加多糖的单糖组成主要包含葡萄糖、果糖、阿拉伯糖等，具有免疫调节和降低转氨酶活性的作用，可减少炎性因子的分泌和表达，对刀豆蛋白 A 造成的免疫性肝损伤有保护作用。目前提取刺五加多糖的方法有水提醇沉法、微波提取法及超声波辅助提取法等。

（4）木脂素：刺五加中木脂素类成分包括紫丁香苷 A、紫丁香苷 B、3-（3，4-二甲氧基苄基）-2-（3,4-亚甲基二氧苄基）丁内酯等。刺五加不同部位中分离得到的木脂素种类存在一定的差异，茎部的主要为总木脂素类。

（5）微量元素及氨基酸：刺五加中含有 Fe、B、Sr、Ba、Zn、Mn、Cu、Co、Sn、Bi、Ag、Pb、Ti 等微量元素，16 种氨基酸，其中谷氨酸和天门冬氨酸的含量较高。

【保健功效】

（1）抗疲劳：刺五加可通过增加运动中的脂肪供能，以减少机体内肌糖原及肝糖原的供能，调节定量负荷，从而起到抗疲劳作用。刺五加总苷具有调节应激反应的功效，可起到保护机体的作用[10]。

（2）免疫调节：刺五加能增加动物血液中的淋巴细胞数量，起到免疫提高作用。刺五加中富含超氧化物歧化酶复合物，具有较强的抗氧化能力，可以提高机体免疫力[11]。

（3）抗辐射：刺五加可减轻经 X 射线照射所造成的小鼠免疫功能损伤，其抗辐射机制主要是保护核酸免受侵袭，提高骨髓造血干细胞的造血率，从而增强机体免疫力，阻滞由于辐射引起的氧化效应和有毒自由基的释放。

（4）保肝：刺五加茎皮醇提取物能够通过降低肝脂质合成而有效降低胰岛素，抵抗小鼠肝脂肪变性，对肝脏起到保护作用。刺五加提取物可增强 2 型糖尿病小鼠肝脏中的抗氧化防御系统，减少活性氧和氧化性损伤。刺五加注射液能够降低血清中谷草转氨酶、谷丙转氨酶以及甘油三酯水平，抑制小鼠肝脏组织丙二醛含量的升高，提高肝脏中还原型谷胱甘肽含量，减轻肝脏病理组织损伤，降低小鼠肝脏指数，对小鼠酒精性肝损伤具有保护作用[12]。

（5）抗氧化：刺五加作为传统的抗氧化中药，可调节过氧化物酶，提高机体记忆力。刺五加提取物可调节帕金森小鼠的酪氨酸代谢、长链饱和脂肪酸的线粒体β-氧化、脂肪酸代谢和鞘脂代谢等。刺五加茎叶提取物能够增强老龄大鼠和小鼠血浆中超氧化物歧化酶活性，降低肝、脑中丙二醛含量，可抗缺血再灌注损伤。

（6）降血糖：刺五加叶及其乙醇提取物均具有降低大鼠空腹血糖、血脂的功能，通过增强自由基清除能力，起到抗氧化应激、防止氧化损伤作用，最终达到抗糖尿病作用。

【药用时的用法用量】

根据药典记载，每日用量 9 ～ 27 g。

【食用方法】

（1）煎煮饮用。

（2）凉拌五加叶：是由嫩五加叶配以精盐、味精、蒜、麻油等制成，其中含有丰富的胡萝卜素、维生素 C，可增强身体防病能力。

（3）五加叶鸡蛋汤：嫩五加叶、鸡蛋 2 枚，配以精盐、味精、葱、素油制成。适用于体虚、肿痛、咽痛、目赤、风疹等病症。

服用刺五加时，应忌吃不易消化食物，避免喝酒抽烟；有感冒发热等情况的患者暂时不宜服用刺五加；有高血压、血脂异常、心脏病、肝病、风湿病、糖尿病、肾病等严重慢性病的患者，应在医师指导下服用。

【开发利用】

刺五加作为传统中药材，在中医应用中具有悠久的历史，随着对其研究的不断深入，已研制出多种刺五加药物制剂和刺五加功能性产品。

（1）刺五加的药用开发：刺五加片是以刺五加浸膏、粉及硬脂酸镁为主要原料制成的糖衣片或薄膜衣片，除去包衣后显棕褐色，可用于治疗脾肾阳虚、体虚乏力、食欲不振、腰膝酸痛、失眠多梦等症状。刺五加脑灵液是以刺五加浸膏与五味子浸膏为主要原料制成的棕黄色至棕红色液体，可用于治疗心脾两虚、脾肾不足所致心神不宁、失眠多梦、健忘、食欲不振等症状。

（2）刺五加的食用开发：乌苏里江刺五加原浆是以刺五加为主要原料制成的保健食品，具有改善睡眠的功效。刺五加茶是以刺五加鲜叶为原料制成的茶类饮品，具有益气健脾、补肾安神的功效，用于缓解脾肾阳虚所致体虚乏力、食欲不振、腰膝酸软、失眠多梦等症状。

刺玫果

Rosa Davurica Fructus

刺玫果是蔷薇科蔷薇属植物山刺玫 *Rosa davurica* Pall. 的成熟果实，别名野蔷薇果，干燥果实呈球形，壁坚脆，橙红色，直径约 1.2 cm，味酸甜。山刺玫喜暖，喜光，耐旱，忌湿，畏寒，常生于疏林地或林缘，耐瘠薄，耐干旱，在有机质含量很低的沙滩地、河岸、荒山荒坡及道路两旁生长良好。主要分布于我国东北、华北、西北的丘陵山区、大兴安岭、小兴安岭和长白山区，以东北三省资源最为丰富。

【性味功效】

性温，味酸、苦。归肝、脾、胃、膀胱经。

健脾消食，活血调经，敛肺止咳。用于消化不良、食欲不振、脘腹胀痛、腹泻、月经不调。

【化学成分】

刺玫果为药食同源物质，营养丰富，其生物活性成分主要包括维生素、黄酮、氨基酸、微量元素等[13]。

（1）维生素：刺玫果中含有丰富的维生素 C、β- 胡萝卜素、维生素 B_1、维生素 B_2、维生素 B_6、维生素 B_{12}、维生素 D 和维生素 E。其中，鲜果可食部分维生素 C 含量在 2.27 g/100 g 以上，最高可达 8.3 g/100 g，是沙田柚的 2.25 倍、猕猴桃的 2.6 倍、山楂的 27 倍、普通樱桃的 207 倍，因此，刺玫果被誉为"大地果实维生素 C 之王"，常用于人类抗衰老制品的天然添加剂，可显著提高人体的抗衰老和抗氧化能力。

（2）黄酮：刺玫果含有丰富的黄酮类物质，目前从刺玫果中已分离出芦丁、银椴苷、金丝桃苷、橙皮苷、山柰素及槲皮素等多种黄酮类物质。由于刺玫果产地的不同，生物总黄酮量存在差异，含量在 1.59% ～ 3.74% 之间。目前刺玫果黄酮的提取方法有超声波辅助酶法、乙醇回流提取法等。

（3）氨基酸：刺玫果中含有 17 种氨基酸，其中苏氨酸、缬氨酸、异亮氨酸、亮氨酸、甲硫氨酸、苯丙氨酸和赖氨酸是人体必需氨基酸。刺玫果中总氨基酸含量可达 21.06%，其中精氨酸含量最高，刺玫果中氨基酸比例接近鸡蛋蛋白和豆类蛋白，生物利用度较好，是功能性饮料选取的最佳原料之一。

（4）微量元素：刺玫果中有 28 种微量元素，包括 Zn、Cu、Fe、Be、Se、Mn 等 14 种人体必需的微量元素。

【保健功效】

（1）保肝：刺玫果可降低四氯化碳、乙醇、亚硝基等对肝脏的损伤，改变人体血清谷丙转氨酶和浊度异常，减轻和消除肝细胞的变性和坏死，减轻组织炎性反应和纤维化过程，其保肝作用与其含有丰富的齐墩果酸有关[14]。

（2）抗氧化：刺玫果能提高人和小鼠体内超氧化物歧化酶（SOD）活性，抑制过氧化脂质（LPO）和脂褐素的形成，清除体内有害自由基，从而达到抗氧化作用[15]。

（3）对免疫系统的作用：刺玫果可促进脾细胞产生白细胞介素 -2，白细胞介素 -2 作为 T 细胞活化的第二信号，可致使 T 细胞增殖分化，刺激 B 细胞产生生长因子和抗体产生，因此刺玫果可通过增强辅助性 T 细胞的功能，间接促进 B 细胞产生抗体及 Th1 细胞和 Th2 细胞的产生，起到提高免疫力的作用[16]。

【药用时的用法用量】

根据药典记载，每日用量 6 ～ 10 g。

【食用方法】

（1）冲泡饮用。

（2）刺玫果酱：将刺玫果清洗干净，将籽挖出，把细砂糖与处理好的刺玫果搅拌均匀，腌 20 分钟，将腌好的玫瑰果放入锅中，依次加入冰糖、柠檬汁和水，大火煮至汁浓稠、果肉变软，转小火继续熬制黏稠，冷却即食。

【开发利用】

（1）刺玫果的药用开发：刺玫果萃取胶囊是以刺玫果中总黄酮和齐墩果酸为主要原料，两者以 2 ：3 至 9 ：1 的配比混合制得的胶囊，该胶囊具有抗衰老，增强骨髓细胞 DNA、RNA 和蛋白质的合成等多种功效。刺玫果注射液是以刺玫果干果为主要原料，从中提取棕红色结晶状粉末的总黄酮，以此成分制备注射液，该注射液具有抗血栓的作用。

（2）刺玫果的食用开发：刺玫果含有丰富的营养物质和天然色素，是开发新型营养饮料的珍贵原料。如刺玫果果醋，是以刺玫果为原料，利用液态发酵法制备而得的橙色、清澈透明液体，其香气浓郁协调、口味纯正。刺玫南瓜复合饮料是以刺玫果、南瓜为主要原料制备而得，该饮料风味独特、色泽诱人，具有降血糖、降血脂、抗肿瘤、抗氧化、防衰老等多种保健功能。

茜草

Rubiae Radix et Rhizoma

茜草为茜草科植物茜草 *Rubia cordifolia* L. 的干燥根和根茎。茜草别名活血草、锯子草、拉拉草，为多年生攀援草本植物。根状茎和其节上的须根均红色；茎多条，细长，方柱形。春、秋二季采挖，除去泥沙，干燥即得。喜凉爽气候和较湿润的环境，性耐寒，在地势高燥、土壤贫瘠以及低洼易积水之地不宜种植，常生于疏林、林缘、灌丛或草地上。主要分布于我国东北、华北、西北和四川（北部）及西藏（昌都地区）等地。朝鲜、日本和俄罗斯远东地区也有分布。

【性味功效】

性寒，味苦。归肝经。

凉血，祛瘀，止血，通经。用于吐血、衄血、崩漏、外伤出血、瘀阻经闭、关节痹痛、跌扑肿痛。

【化学成分】

茜草的化学成分以蒽醌及其苷类化合物为主，此外还有环己肽、萜类及微量元素等[17]。

（1）蒽醌及其苷类：蒽醌及其苷类化合物是茜草的主要化学成分之一，目前已从茜草中分离出 1- 羟基 -2- 甲基蒽醌、1,4- 二羟基 -6- 甲基蒽醌、去甲虎刺醛、1-羟基 -2- 甲氧基蒽醌等 9 个蒽醌类成分。

（2）环己肽：环己肽是茜草中一类具有抗肿瘤活性的物质，可延长白血病、腹水瘤、黑色素瘤等实验小鼠的寿命，有效降低肿瘤的发生率，防止肿瘤细胞的转移。目前已从茜草中分离出环己肽类的抗癌单体（RA 系列化合物），分别为RA-Ⅰ、RA-Ⅱ、RA-Ⅲ、RA-Ⅳ、RA-Ⅴ、RA-Ⅶ、RA-Ⅸ等。

（3）萜类：目前从茜草根中分离得到的萜类化合物有茜草乔木醇 A、茜草乔木醇 B、茜草乔木醇 C、茜草哌唑嗪 A、茜草哌唑嗪 B、茜草哌唑嗪 C、茜草萜三醇、齐墩果酸乙酸酯等，其中茜草香豆酸和茜草叶酸是最早从中药茜草中分离出的烯萜类化合物。

（4）微量元素：茜草根中含有 Fe、Zn、Cr、Mg、Ca、Mn、Cn、Pb、Cd、As 等微量元素，且 Fe、Zn、Cu、Mn 含量远高于其他成分，具有防治心血管疾病、抗辐射、抗癌、抗衰老的功效。

【保健功效】

（1）保肝：茜草提取物可显著降低对乙酰氨基酚所引起的高致死率并缓解其肝毒性，可明显降低四氯化碳所致肝毒性。茜草根甲醇提取物部分可抑制 Hep3B 细胞（人肝癌细胞株）分泌 HBAg 化合物[18]。

（2）免疫调节：茜草乙醇提取物能够提高巨噬细胞的数目、吞噬指数、免疫球蛋白水平及与 B 细胞功能相关的空斑形成细胞数目，从而减轻硝酸铅对雄性 *Swiss albino* 小鼠肾脏免疫功能的损伤。茜草双酯能够促进实验动物骨髓造血细胞的增殖和分化，减轻环磷酰胺所致骨髓损伤，在临床试验中对患者经放疗、化疗后引起的白细胞降低有良好防治效果[19]。

（3）抗氧化：茜草乙醇提取物能提高超氧化物歧化酶、过氧化氢酶的活性以及还原型谷胱甘肽的含量。抑制脂质过氧化，从而减轻硝酸铅对小鼠的氧化损伤。茜草水提物可以提高心肌细胞线粒体中多种抗氧化酶的活性，并降低丙二醛和皮质醇的量，延长大鼠在高强度耐力训练中的力竭时间，同时水提物中的多糖成分通过抗氧化作用改善 D-半乳糖对小鼠心肌线粒体的损伤[20]。

【药用时的用法用量】

根据药典记载，每日用量 6～10 g。

【食用方法】

茜草茵陈茶：取茜草、茵陈、淮山药、甘草、白糖适量，混合后研磨成粉，置于保温杯中，用沸水冲开，20 分钟后即可饮用。该茶可用于活血化瘀、清热解毒、缓解便秘。

脾胃虚寒、精虚血少者，阴虚火胜者慎服。

【开发利用】

茜草双酯片是以茜草双酯为主要原料制成的糖衣片或薄膜衣片，除去包衣后显类白色或微黄绿色。用于防治因肿瘤放疗、化疗以及苯中毒等各种原因引起的白细胞减少症。茜草丸是以茜草、黑豆、甘草为主要原料制成的红棕色水丸，味苦、辛、涩，可用于治疗肾病、胯腰疼痛。

平贝母

Fritillariae Ussuriensis Bulbus

平贝母为百合科植物平贝母 *Fritillaria ussuriensis* Maxim. 的干燥鳞茎，别名坪贝、贝母、平贝，为多年生草本植物。高达 1 m，鳞茎扁圆形，具 2～3 枚肥厚鳞片，白色，周围有时附有少数小鳞茎，基部簇生须根。茎直立，光滑。茎下部叶常轮生，上部叶对生或互生，线形至披针形，长 4～14 cm，宽 2～6 mm，茎上部叶先端卷曲呈卷须状。多生于红松针阔叶混交林下、山地林下及溪流两岸。主要分布于我国黑龙江伊春、五常、依兰、尚志、密山、宁安，以及吉林通化、恒仁等地。俄罗斯远东地区及朝鲜北部也有分布。

【性味功效】

性微寒，味苦、辛。归肺经。

清热润肺，化痰止咳。主治肺热燥咳、干咳少痰、阴虚劳嗽、咳痰带血、瘰疬、乳痈。

【化学成分】

平贝母中含有多种活性成分，如生物碱及生物碱苷、皂苷、核苷及多糖等成分，其中异甾体生物碱是其主要生物活性成分[21]。

（1）生物碱及生物碱苷：甾体生物碱为平贝母发挥作用的主要有效成分，目前，已从平贝母中分离出 20 余种生物碱类成分。从平贝母鳞茎中可分离出平贝碱甲、平贝碱苷、贝母辛等。从平贝母茎叶中可分离出平贝碱甲、平贝碱乙、平贝碱丙、贝母辛、贝母甲素、平贝啶苷、平贝宁苷、平贝宁等。从平贝母花中可分离出平贝碱甲、贝母辛、贝母甲素等。平贝母生物碱的提取方法主要为溶剂法。

此外，从该植物鳞茎的乙醇提取物中提取出总生物碱，经硅胶柱层析和制备薄层层析，得到一种具有祛痰作用的生物碱苷，即 C- 去甲 -D- 异甾体生物碱苷。

（2）皂苷：同一产地 10 个不同采收期的平贝母从萌芽期开始到花期，总皂苷含量显逐渐增高，地上部分枯萎后，总皂苷含量变化则无太大差异。平贝母皂苷常见提取方法为热水提取法。

（3）核苷：从平贝母鳞茎中可分离得到水溶性核苷类化合物，如胸苷和腺苷，是平贝母中重要的活性成分之一。平贝母和伊贝母中腺苷约占总量的 90%。

（4）多糖类：平贝母多糖具有清除羟自由基、超氧阴离子自由基和 DPPH 自由基的能力。常见的平贝母多糖的提取方法为热水提取法。

（5）其他类：平贝母中还含有黄酮、脂肪酸、挥发油、萜类等成分。

【保健功效】

（1）祛痰、平喘、镇咳：平贝母鳞茎及茎叶中的总生物碱具有明显祛痰、平喘的作用。总皂苷部分有明显的祛痰作用，其中西贝素具有显著的镇咳作用[22]。

（2）抗溃疡：平贝母中总生物碱可抑制胃蛋白酶的活性，减少对胃组织的伤害，起到抗溃疡作用[23]。

（3）抗炎：平贝母水提物可抑制由二甲苯、蛋清分别导致的耳廓肿胀及大鼠足趾肿胀，降低小鼠毛细血管通透性[24]。

（4）抗氧化：平贝母多糖通过清除自由基和抗脂质过氧化反应起到抗氧化作用[25]。

（5）其他作用：西贝素和平贝碱甲降压作用明显。非常少量的贝母碱及贝母辛可使血压上升，大量时可降血压。腺苷等核苷类物质能够抑制血小板聚集。

【药用时的用法用量】

内服：煎汤，3 ～ 9 g；研粉，每次 1 ～ 2 g。

【食用方法】

（1）和梨子一起炖服。

（2）研成粉末冲服、泡酒或煎剂均可。

（3）常配沙参、麦冬等以养阴润肺，化痰止咳，治肺热、肺燥、咳嗽。常配知母以清肺润燥，化痰止咳，如二母丸。常配蒲公英、鱼腥草等以清热解毒，消肿散结。

【开发利用】

（1）平贝母的药用开发：复方贝母片是以平贝母、石膏、麻黄、硼砂、苦杏仁、百部、甘草为主要原料制成的糖衣片，除去糖衣呈灰黄色或黄棕色，微苦，具有清热化痰、止咳平喘等功效，可用于治疗肺热咳嗽。治咳川贝枇杷露是以平贝母、枇杷叶、水半夏、桔梗、薄荷脑为主要原料制成的棕红色澄清液体，气香，味甜，具有镇咳祛痰的功效，可用于治疗感冒引起的咳嗽。

（2）平贝母的食用开发：近年，由于空气质量下降，加之不健康饮食等因素，咽喉疾病的发病率显著增高。以平贝母和雪花梨为主要原料，研制的平贝雪梨保健饮料，其口感佳，具有良好的清咽作用，能够用于咽喉类疾病的辅助治疗，同时还具有抗炎的作用。

赤芍

Paeoniae Radix Rubra

　　赤芍为毛茛科植物芍药 *Paeonia ladiflora* Pall. 或川赤芍 *Paeonia veitchii* Lynch in Gard. 的干燥根。为多年生草本植物，高 40～70cm，无毛。根肥大，纺锤形或圆柱形，黑褐色。茎直立，上部分枝。花期 5～6 月，果期 6～8 月。喜光照，耐寒。赤芍作为我国传统大宗药材，主要分布于东北、华北、陕西及甘肃，是"龙九味"之一。

【性味功效】

　　性微寒，味苦。归肝经。

　　用于热入营血、温毒发斑、吐血衄血、目赤肿痛、肝郁胁痛、经闭痛经、癥瘕腹痛、跌扑损伤、痈肿疮疡。

【化学成分】

　　赤芍含有苷类、丹皮酚类等[11] 成分[25]。

　　（1）苷类：赤芍的成分与白芍大致相同，主要包括芍药苷、羟基芍药苷、苯甲酰芍药苷、苯甲酰羟基芍药苷、邻羟基芍药苷、芍药内酯苷等，共同称之为"赤芍总苷"。其主要成分为芍药苷，但含量有差异。《中国药典》规定芍药苷含量不得少于 2%。

（2）丹皮酚类：含有牡丹酚、牡丹酚苷、牡丹酚原苷等。

【保健功效】

（1）对心血管系统的作用：赤芍具有抑制血管内膜增生、保持斑块稳定、保护心肌细胞、抗心肌缺血等功效[26]。

（2）对血液系统的作用：儿茶素、芍药苷、丹皮酚具有抗血栓、抗凝血作用，是其"活血化瘀"功效的物质基础。

（3）对肝脏的作用：芍药苷具有保护急性肝损伤和急性妊娠脂肪肝的作用[27]。

（4）对神经系统的作用：抗抑郁、改善学习记忆、治疗脑缺血损伤、治疗帕金森病等[28]。

（5）对胃肠系统的作用：赤芍总苷可促进胃肠平滑肌运动，改善胃黏膜缺血状态，增强胃部微循环。

【药用时的用法用量】

根据药典记载，每日用量 6 ～ 12 g。

【食用方法】

赤芍牡丹皮汤：丹皮、赤芍、木通、萆薢、花粉、瞿麦、泽泻、车前、甘草、薏苡仁，煎汤代水，再入药煎服。

【开发利用】

（1）赤芍的药用开发：赤芍是我国著名野生道地中药材，始载于《本经》，列为中品，作为药物使用已有上千年历史。据统计，目前国内市场上以赤芍为主要原料开发了丸剂、膏剂、糖浆剂、冲剂、片剂、酒剂、油剂、散剂等 10 大类约有 3000 种（规格）的中成药，主要起到活血化瘀、保护肝细胞和脑细胞等作用，临床上主要用于病毒性肝炎、过敏性紫癜、降血脂及动脉粥样硬化等疾病的治疗。

（2）赤芍的食用开发：赤芍具有多种保健功能，如提高抗缺氧能力、防血栓形成、解痉作用、抗血小板凝聚、提高胃液酸度、增进食欲、促消化等，因此，赤芍在食品与保健食品行业有着巨大的应用前景。

赤芍用于药膳，如赤芍银耳饮，具有清肝泻火、滋阴润燥、补脾健胃、散瘀止痛、益气安眠的功效。丹皮赤芍茶主要由赤芍、紫草、牡丹皮、生地黄制作而成，用于清热解毒、凉血止血，适用于血小板减少性紫癜属血热发斑者。赤芍茶是由赤芍、花茶制成，用于祛瘀止痛、凉血消肿、解痉、镇痛、降血压、抗惊厥、镇静、抗炎、抗溃疡等。赤芍的花泡茶，具有促进新陈代谢、抑制脸上的暗疮、提高机体免疫力、延缓皮肤衰老的作用。

苍术

Atractylodis Rhizoma

苍术为菊科植物茅苍术 *Atractylodes lancea* (Thunb.) DC. 或北苍术 *Atractylodes Chinensis* (DC.) Koidz.* 的干燥根茎，亦名赤术、山精、仙术、青术、山蓟，为多年生草本植物。根状茎平卧或斜升，不定根，茎直立，高可达 100 cm，单生或少数茎成簇生；基部叶花期脱落，中下部茎叶几无柄，呈圆形、倒卵形、偏斜卵形、卵形或椭圆形，中部以上或仅上部茎叶不分裂，呈倒长卵形、倒卵状长椭圆形或长椭圆形，全部为硬纸质叶，两面绿色，无毛，边缘或裂片边缘有针刺状缘毛或三角形刺齿或重刺齿；头状花序单生于茎枝顶端，总苞钟状，苞叶呈针刺状羽状全裂或深裂。小花白色，瘦果呈倒卵圆状，包被有稠密的顺向贴伏的白色长直毛，冠毛刚毛呈褐色或污白色，6～10月开花结果。生于海拔 50～1900 m 地区，耐寒性强，生长于山坡草地、林下、灌丛及岩石缝隙中。主要分布于我国黑龙江、辽宁、吉林、内蒙古、河北、山西、甘肃、陕西、河南、江苏、浙江、江西、安徽、四川、湖南、湖北等地。朝鲜、俄罗斯等地也有分布。

【性味功效】

性温，味苦、辛。归脾、胃经。

具有燥湿健脾、祛风散寒、明目的功效。

【化学成分】

（1）挥发油：包括 13 种烯烃类、9 种醇类、6 种酮类、5 种酯类和 2 种芳香烃类等，以呋喃二烯含量最多，其次是马兜铃酮和 α- 蒎烯。提取苍术挥发油的常用方法为水蒸气蒸馏法和超临界流体萃取法[29]。

（2）其他：包括苍术烯内酯丙、汉黄芩素、香草酸、吡喃葡萄糖苷、黄芩苷甲酯、原儿茶醛、原儿茶酸、倍半萜、聚乙炔、齐墩果酸和 5- 羟甲基糠醛等。多采用醇提法提取[30]。

【保健功效】

（1）抑制胃酸分泌：苍术挥发油中的苍术醇可抑制甾体激素释放，减轻甾体激素对胃酸分泌的刺激。苍术所含 β- 桉叶醇有抗 H_2 受体作用，能抑制胃酸分泌，对抗皮质激素对胃酸分泌的刺激作用。

（2）增强胃黏膜的保护作用：苍术可使胃黏膜组织血流量增加，增加氨基己糖在胃液和黏膜中的含量，从而增强胃黏膜的保护作用。从苍术中提取的氨基己糖具有促进胃黏膜修复的作用[31]。

（3）抗溃疡：苍术对幽门结扎性溃疡、幽门结扎 - 阿司匹林溃疡、应激性溃疡具有较强抑制作用[32]。

（4）促进骨骼钙化：苍术挥发油具有促进骨骼钙化作用，可改善患佝偻病的白洛克雏鸡的症状。

（5）保肝：苍术挥发油能显著降低小鼠血清 AST 和 ALT 水平，麸炒苍术挥发油的保肝作用强于生苍术。

（6）抗肿瘤：苍术多糖可抑制人卵巢癌 SKOV3 细胞增殖，可使裸鼠肿瘤体积明显缩小，且肿瘤重量明显减轻，对 HepG2 肝癌小鼠瘤体和 Hela 宫颈癌裸鼠瘤体均有较强抑制作用。

（7）治疗新型冠状病毒肺炎：经网络药理学预测，苍术中的活性化合物能通过多个通路作用于 RELA、PIK3CG、TNF、IL6、BCL2、MAPK14、CASP3、CX-CL8、TP53、BAX、NOS2 等靶点，发挥治疗新型冠状病毒肺炎的作用。

【药用时的用法用量】

内服：煎汤，1.5 ～ 3 g；熬膏或入丸、散。

【食用方法】

苍术冬瓜祛湿汤：苍术、泽泻、冬瓜、猪瘦肉，加生姜，盐适量，放入锅内煲汤，可治疗高脂血症、糖尿病、脂肪肝等。

【开发利用】

苍术药用价值较高，我国各大中药制药厂用其作为主要原料开发的药物已达数十种，在中成药、中药饮片、新药、特殊药品的开发中被广泛使用。如颈复康颗粒、腰痛宁胶囊、九圣散、九味羌活颗粒、藿香正气水、九味羌活口服液、克痢痧胶囊、小儿百寿丸、木香顺气丸、当归拈痛丸、肾炎舒片、风湿马钱片、藿香正气软胶囊等。目前食用开发未见。

红景天

Rhodiolae Crenulatae Radix et Rhizoma

红景天为景天科植物大花红景天 *Rhodiola rosea* L. 的干燥根和根茎。大红景天是景天科多年生草木或灌木植物，高 10 ～ 20 cm，根粗壮，圆锥形，肉质，褐黄色，根茎部具多数须根。根茎短，粗壮，圆柱形，被多数覆瓦状排列的鳞片状的叶。从茎顶端的叶轴抽出数条花茎，花茎上下部均有肉质叶，叶片椭圆形，边缘具粗锯齿，先端锐尖，基部楔形，几无柄。聚伞花序顶生，花红色，蓇葖果。已确认的红景天超过 200 个品种，其中有 20 多种为亚洲传统医学的常用药，如小花红景天、大花红景天、蔷薇红景天、圣地红景天等，其中蔷薇红景天研究最多。我国有 73 种，其中西藏占有 32 种和 2 个变种。红景天主要以根和根茎入药，全株也可入药。多数生长于海拔 3500 ～ 5000 m 左右的高山流石滩或灌木丛林下。红景天大多分布在北半球的高寒地带，如我国西藏、新疆，欧洲北部至俄罗斯、蒙古、朝鲜、日本等地。

【性味功效】

性平，味甘、苦。归肺、心经。

具有补气清肺、益智养心、收涩止血、散瘀消肿的功效。

【化学成分】

红景天中已经发现的化学成分主要包括苷类、黄酮、挥发油及多糖等[33,34]。

（1）苷类：红景天中含有多种化学成分，大多以苷类形式存在，其中红景天苷和苷元酪醇是迄今研究最多的有效成分。大部分红景天含有苯烷基苷类，包括苯乙基苷类（红景天苷）、苯丙素苷类（酪萨维）和酚苷。另含有单萜苷、云杉素、芦丁苷、熊果苷、茵芋苷、异槲皮苷等。苷类的提取多采用热水提取法。

（2）黄酮：包括槲皮素、山奈酚、花色苷等。微波提取法为红景天黄酮类化合物的主要提取方法。

（3）挥发油：红景天挥发油以醇、醛、烯、酯为主，采用水蒸气蒸馏法提取。

【保健功效】

红景天是临床常用藏药之一，广泛应用于高原反应等疾病中。

（1）抗缺氧、抗疲劳、增强耐力：红景天能迅速提高血红蛋白与氧的结合能力，提高血氧饱和度，降低机体的耗氧量，增加运动耐力，恢复运动后疲劳[35]。

（2）抗菌：红景天鞣质具收敛性，对黏膜表面有保护作用，可制止过量出血，对肺部炎症引起的咳嗽、咳痰及妇女白带增多有疗效[36]。

（3）抗癌：红景天具有抗癌及抗突变的能力，其机理在于细胞生长周期控制并促使细胞凋亡。

（4）其他作用：抗氧化、抗糖尿病、抗肺炎及哮喘。

【药用时的用法用量】

内服：煎汤，3～9 g。

外用：适量，捣敷或研末调敷。

【食用方法】

（1）泡水喝：红景天磨粉，加沸水，加入蜂蜜即可饮用。早晚各一次，可以抗疲劳、抗辐射，有益于睡眠。

（2）煮粥：把红景天煎水去渣，加米，煮粥，可加适量的白糖调味。长期服用，具有提高免疫力、改善体质、养生保健等功效。

（3）沸水煮茶：红景天、枸杞、大枣若干，放入沸水中。每日1～2次，具有降压、调节血糖的功效。

【开发利用】

红景天化学成分颇丰，药理学活性显著，长期服用无不良反应。目前以红景天为原料制成的保健品主要有红景天茶、补酒类、片剂、钙片剂及口服液等，广泛用于抗疲劳、抗衰老、提高脑力和体力等方面，可用于日常保健，具有很大市场空间。

北沙参

Glehniae Radix

北沙参为伞形科植物珊瑚菜 *Glehnia littoralis* Fr. Schmidt ex Miq. 的干燥根。珊瑚菜别名莱阳参、海沙参、银沙参、辽沙参、苏条参、条参、北条参，为多年生草本植物，高 5～35 cm，主根呈细长圆柱形，茎大部分埋在沙中，一部分露出地面，叶基出，互生，叶柄长，基部鞘状，叶片卵圆形。主要分布于我国山东、河北、辽宁、内蒙古，是"龙九味"之一。在蒙古、俄罗斯等地亦有分布。

【性味功效】

性微寒，味甘、苦。归肺、脾经。

临床常用的滋阴药，养阴清肺，祛痰止咳。主治肺燥干咳、热病伤津、口渴等症。

【化学成分】

北沙参主要含有香豆素、聚炔、挥发油和木脂素等成分[37]。

（1）香豆素：是北沙参重要成分之一，北沙参中分离得到的香豆素类成分主要为游离的香豆素和香豆素苷类化合物。主要提取方法为醇提法。

（2）聚炔：局限存在于五加科、伞形科等 5 个科，是北沙参中的一类脂溶性化合物，主要包括人参炔醇、法卡林二醇等化合物。主要提取方法为超声波辅助提取法。

（3）挥发油：北沙参中含多种挥发油成分，主要包括醛、醇、萜烯类。主要提取方法为水蒸气蒸馏法。

（4）木脂素：目前从北沙参中分离得到木脂素结构类型分别为1,4- 二芳基丁烷型木脂素、8-O-4′ 型异木脂素、苯并呋喃型新木脂素苷及苯并二氢呋喃等。主要提取方法为酸沉淀法。

【保健功效】

（1）提高免疫功能：北沙参含有丰富的植物蛋白、天然多糖和多种对人体有益的微量元素，能提高人体组织细胞活性，促进免疫细胞再生，增强人体内免疫球蛋白的活性。经常食用北沙参，可提高身体免疫功能，增强身体抵抗力[38]。

（2）抗溃疡：北沙参中天然多糖可以减少药物和刺激性物质对胃黏膜的损伤，防止溃疡发生。

（3）抗突变：北沙参能防止人体组织细胞发生基因突变，可降低癌细胞的生成率[39]。

（4）润肺止吐：可用于胃阴不足所致口燥咽干，呕吐、便秘、舌红少津等[40]。

【药用时的用法用量】

内服：煎汤，5 ～ 10 g；或入丸、散、膏剂。

【食用方法】

（1）沙参茶：由沙参、绿茶制成，用 300 mL 开水冲泡后饮用，可加冰糖。具有养阴清肺、祛痰止咳的功效。

（2）沙参山楂粥：将山药切成小片，与莲子、生山楂、沙参一起泡透后，再加入粳米，加水，用火煮沸后，用小火熬成粥，加糖适量，即可食用。具有益气养阴活血、健脾养胃、清心安神功效。

【开发利用】

北沙参在传统医学中是养阴清肺、益胃生津的常用药。目前保健食品开发有北沙参酒类与茶类。另有北沙参糖果、烘焙食品和冲调饮品等各式各样的功能食品用于日常保健。

参 考 文 献

［1］张明晓，黄国英，白羽琦，等．南、北五味子的化学成分及其保肝作用的研究进展［J］．中国中药杂志，2021, 46(05): 1017-1025.

［2］崔石阳，姜帆，韩建春，等．北五味子多糖对 RAW264.7 细胞的免疫调节作用［J］．食品科学，2017, 38(19): 201-205.

［3］王晓艳，李伟霞，张辉，等．五味子 - 甘草配伍的调血脂作用及对甘油三酯合成途径的影响［J］．中国药理学通报，2021, 37(01): 136-142.

［4］刘聪，李宁，敬舒，等．五味子 - 淫羊藿混合提取物对 D- 半乳糖致脑衰老小鼠学习记忆能力的改善作用［J］．中国实验方剂学杂志，2017, 23(21): 147-152.

［5］陈启鑫．中药车前草的研究进展［J］．中西医结合心血管病电子杂志，2019, 7(25): 151-152.

［6］沈高扬，谭伟．车前草中总黄酮的测定及其抗氧化性能研究［J］．粮食与油脂，2020, 33(09): 95-97.

［7］童珊珊，邓家彬，高刚，等．三种车前草的黄酮提取、纯化及其抗氧化活性分析［J］．基因组学与应用生物学，2019, 38(05): 2183-2190.

［8］王鑫蕾，张荣萍，赵小芹，等．车前草提取物对糖尿病肾病大鼠肾功能、糖脂代谢、炎症因子及脂肪细胞因子的影响［J］．广西医学，2020, 42(12): 1545-1549.

［9］潘景芝，金莎，崔文玉，等．刺五加的化学成分及药理活性研究进展［J］．食品工业科技，2019, 40(23): 353-360.

［10］高寒，徐伟，张宇航，等．基于网络药理学的刺五加总苷抗疲劳作用机制研究［J］．中草药，2021, 52(02): 413-421.

［11］孙守坤，宋涛，卢义．刺五加酸性多糖对免疫低下小鼠的免疫调节作用［J］．免疫学杂志，2018, 34(10): 863-868.

［12］张娜，赵良友，毛迪，等．刺五加多糖调控炎性因子对小鼠免疫性肝损伤的保护作用［J］．中国中药杂志，2019, 44(14): 2947-2952.

［13］钟方丽，王晓林，薛健飞，等．刺玫果化学成分的研究［J］．林产化学与工业，2014, 34(04): 126-130.

［14］金长炼，洪淳赞，李永烈，等．刺玫果阻断二甲基亚硝胺在大鼠体内合成及肝保护作用［J］．肿瘤防治研究，1994(02): 81-82.

［15］孟永海，付敬菊，牟景龙，等．两种技术联用优化刺玫果多酚提取工艺及体外抗氧化活性研究［J］．中国食品添加剂，2020, 31(02): 47-53.

［16］魏颖，刘艳，林峰，等．刺玫果免疫调节和体外抗氧化活性研究［J］．中国食品学报，2014, 14(08): 41-46.

［17］陈毅，王海丽，薛露，等．茜草的研究进展［J］．中草药，2017, 48(13): 2771-2779.

［18］Babita H M, Chhaya G, Goldee P. Hepatoprotective activity of *Rubia cordifolia*［J］. Pharmacology, 2007, 3: 73-79.

［19］Tang B, Ma L, Ma C. Spectrofluorimetric study of the β- cyclodextrin-rubiadate complex and determination of rubiadate by β-CD-enhanced fluorimetry［J］. Talanta, 2002, 58(5): 841-848.

［20］Lodi S, Sharma V, Kansal L. The protective effect of *Rubia cordifolia* against lead nitrateinduced immune response impairment and kidney oxidative damage［J］. Indian J Pharmacol, 2011, 43(4): 441-444.

［21］沈莹, 孙海峰. 平贝母化学成分及药理作用研究进展［J］. 化学工程师, 2018, 32(06): 62-66.

［22］王艳红, 王英范, 郑友兰, 等. 中药平贝母的研究进展［J］. 山东农业大学学报（自然科学版）, 2006(03): 479-482.

［23］陈泓竹, 张世洋, 黄雅彬, 等. 平贝母和川贝母总生物碱含量及其镇咳、抗炎作用比较研究［J］. 食品工业科技, 2017, 38 (15): 63-67.

［24］刘春红, 金钟斗, 韩宝瑞. 平贝母多糖对 D- 半乳糖诱导衰老模型小鼠的抗氧化作用［J］. 食品科学, 2011, 32 (23): 285-287.

［25］陆小华, 马骁, 王建, 等. 赤芍的化学成分和药理作用研究进展［J］. 中草药, 2015, 46（4）: 595-602.

［26］张蕾, 段文慧, 刘剑刚, 等. 西洋参赤芍配伍对大鼠心肌梗死后早期心室重构心肌纤维化的影响［J］. 中药新药与临床药理, 2019, 30(04): 430-437.

［27］王挺帅, 张荣臻, 王明刚, 等. 基于网络药理学层面诠释大黄赤芍治疗肝性脑病的作用机制［J］. 中华中医药学刊, 2020, 38(11): 185-189+290-291.

［28］张石凯, 曹永兵. 赤芍的药理作用研究进展［J］. 药学实践杂志, 2021, 39(02): 97-101.

［29］李万娟, 郭艳玲, 商春丽, 等. 北苍术化学成分的 GC-MS 分析［J］. 中国实验方剂学杂志, 2016, 22 (06) :66-70。

［30］李涵, 金香环, 赵百慧, 等. 北苍术的化学成分及药理活性的研究进展［J］. 吉林农业, 2019(03): 72-73.

［31］刘芬, 刘艳菊, 田春漫. 苍术提取物对脾虚证大鼠胃黏膜结构及胃肠功能的影响［J］. 中国实验方剂学杂志, 2015, 21(13): 100-104.

［32］钱丽华, 施锁平, 岳豪祥. 茅苍术抗胃溃疡研究进展［J］. 实用中医药杂志, 2016, 32(02): 192-193.

［33］杨文婷, 张伟, 杨一丁, 等. 红景天化学成分研究［J］. 首都食品与医药, 2015, 22(22): 90-91.

［34］刘雪滢, 张珂, 李欢欢, 等. HPLC 法同时测定蔷薇红景天 7 个黄酮类化合物的含量［J］. 石河子大学学报（自然科学版）, 2020, 38(06): 773-778.

［35］古春青, 王著敏, 赵铎, 等. 红景天对复合应激因素致慢性疲劳大鼠体重及一般行为学的影响［J］. 中国处方药, 2016, 14(4): 29-30.

［36］刘存芳, 史娟, 刘军海, 等. 玫瑰红景天挥发性成分分析及其抗氧化和抗菌活性［J］. 食品工业科技, 2020, 41(01): 32-37.

［37］李彩峰, 伊乐泰, 李旻辉. 北沙参化学成分及影响因素研究进展［J］. 中药材, 2019, 42(07): 1697-1701.

［38］于钦辉, 杜宝香, 杜以晴, 等. 北沙参多糖分离纯化及经肠道菌群降解对体外免疫细胞增殖的影响［J］. 中成药, 2020, 42(05): 1362-1366.

［39］曹亚娟, 方媛, 吴建春, 等. 基于网络药理学预测北沙参治疗肺癌的作用机制［J］. 中华中医药学刊, 2019, 37(06): 1302-1305+1541-1542.

［40］何军伟, 朱继孝, 杨丽, 等. 北沙参不同部位提取物镇咳祛痰作用研究［J］. 世界科学技术: 中医药现代化, 2020, 22(08): 2864-2869.

第三章

黑龙江民间常用保健植物品种

山葡萄

山葡萄为葡萄科植物山葡萄 *Vitis amurensis* Rupr. 的成熟果实。植株长 6 ～ 24 cm，宽 5 ～ 21 cm，叶柄长 4 ～ 14 cm，果为圆球形浆果，黑紫色带蓝白色果霜。对土壤条件的要求不严，多种土壤都能生长良好，但以排水良好、土层深厚的土壤最佳，具有耐旱怕涝的特点。常生长于海拔 200 ～ 2100 m 的山坡、沟谷林中或灌丛中。主要分布于我国黑龙江、内蒙古、吉林、辽宁等山地混交林地带。朝鲜、俄罗斯远东地区也有分布。

【性味功效】

性凉，味苦。归肺、脾、胃、肾经。

其果实清热利湿，解毒消肿。主湿热黄疸、肠炎、痢疾、无名肿毒、跌打损伤。

【化学成分】

山葡萄含有多种活性成分，包括黄酮、芪类、萜类、有机酸和酚类等[1]。

（1）黄酮：黄酮类化合物是山葡萄的有效成分之一，包括杨梅素和花青素等，具有抗氧化、降血糖、降低胆固醇等作用，主要分布于山葡萄籽中。目前提取方法有超声波辅助提取法、醇提法、微波辅助提取法、酶辅助提取法等。

（2）芪类：山葡萄中含有丰富的芪类化合物，目前已从山葡萄中分离得到 38

种低聚茋类化合物，包括二聚体、三聚体、四聚体和五聚体，具有抗氧化、抗炎等作用。目前提取方法为有机溶剂萃取法和超声波辅助提取法等。

（3）萜类：萜类化合物在山葡萄中含量较少，包括白桦脂酸、齐墩果酸、羽扇豆醇等萜类化合物。目前提取方法有水蒸气蒸馏法、超声波辅助提取法和超临界流体萃取法等。

【药效特点】

（1）抗氧化：从山葡萄皮中提取的花青素具有较强的抗氧化活性，对 DPPH 自由基具有较高的清除率，与剂量呈正相关[2]。

（2）保肝：山葡萄籽提取物可降低由肝细胞受损引起的各种酶的血清浓度上升，明显改善肝脏病理变化。山葡萄籽原花青素可增强蛋白激酶 C 的表达，减少氧化损伤，降低铅诱导的肝毒性，抑制肝脏细胞凋亡，提高肝细胞的增殖活性[3]。

（3）保护心脑血管：山葡萄中的黄酮对心脑血管疾病具有较强的调节作用，其作用机制是刺激 NO 产生，影响前列腺素合成，抑制血小板凝集，可降低低密度脂蛋白含量，降低冠心病的发病率[4]。

【药用时的用法用量】

内服：煎汤，15～30 g。

外用：适量，煎水洗。

【食用方法】

（1）直接食用：将山葡萄洗净直接食用即可。

（2）山葡萄水：将山葡萄用清水浸泡 30 分钟，洗干净后放入锅中，加水煮至沸腾 5 分钟，转小火煮 20 分钟。放适量红糖及食盐继续煮 2 分钟，即可食用。

（3）山葡萄醋：将山葡萄捏碎与砂糖调匀放入罐中，一周后打开加入凉开水，每日打开搅拌，两周后，即可食用。

（4）山葡萄酒：将成熟的山葡萄用清水冲洗净后，放入缸中，捣碎，发酵，加入鸡蛋清，搅拌，静置至酒液透明，弃去沉淀，加糖调配，密闭贮存 2 个月，即可食用。

【开发利用】

（1）山葡萄的药用开发：山葡健脾颗粒是以山葡萄为主要原料制成的中药制剂，具有健脾消食的功效，可用于治疗儿童由缺锌或脾虚食滞引起的厌食。

（2）山葡萄的食用开发：山葡萄发酵饮料是以山葡萄为原料，经榨汁、发酵等工序制得山葡萄原酒，与枣汁 1∶1 混合，经调味处理后制得成品，该饮料口味清雅独特，颜色透明瑰丽，具有抗肿瘤、抗氧化等多种功效。

月见草

月见草为柳叶菜科植物月见草 *Oenothera biennis* L. 的全株，别名夜来香、山芝麻。直立二年生粗状草木，基生莲座叶丛紧贴地面，花瓣黄色。常生长于开旷的荒坡路旁，耐旱耐贫瘠，黑土、沙土、黄土、幼林地、轻盐碱地、荒地、河滩地、山坡地均适合种植。原产于美洲湿带地区，早期引入欧洲，后迅速传播世界温带与亚热带地区。在我国东北、华北、华东（含台湾）、西南（四川、贵州）等地均有栽培[2]。

【性味功效】

性温，味甘、苦。归肝、肺、胃经。

全草用药强筋壮骨，祛风除湿。用于风湿病、筋骨疼痛。

【化学成分】

月见草含有多种化学成分，包括脂肪酸、氨基酸、挥发油、微量元素等[5,6]。

（1）脂肪酸：月见草油含有亚油酸、油酸、棕榈酸、γ-亚麻酸等多种不饱和脂肪酸，其中γ-亚麻酸是人体不可缺少的必需脂肪酸，具有很强的生物活性。目前月见草脂肪酸的提取方法有超临界流体萃取法和水蒸气蒸馏法等。

（2）氨基酸：月见草中共测出 18 种氨基酸，其中谷氨酸含量最高，甲硫氨酸含量最低。

（3）挥发油：月见草挥发油中包括去氢香薷酮、石竹烯和苯甲醛等。目前月见草挥发油的提取方法有水蒸气蒸馏法、超临界流体萃取法、溶剂萃取法和压榨法。

【药效特点】

（1）降血脂：月见草可加速胆固醇的消除，显著降低糖尿病患者血胆固醇和甘油三酯的含量，从而改善血脂代谢紊乱，增强机体抗脂质过氧化作用，达到降血脂的目的[7]。

（2）抗氧化：月见草茎提取物可提高小鼠体内谷胱甘肽过氧化物酶（GSH-Px）、CAT 和 SOD 的活性，降低髓过氧化物酶（MPO）活性和 MDA 含量，其作用机制是减轻脂质过氧化反应和炎细胞浸润程度以及提高抗氧化酶活性，这说明月见草茎具有较强的抗氧化活性[8]。

（3）抗炎：月见草能显著抑制致炎因子引起的大鼠毛细血管通透性增强，炎症渗出和水肿，促进肉芽组织增生，抑制 PGE 及缓激肽的释放，减少炎性渗出，稳定溶酶体膜[9]。

（4）抗菌：月见草对结核分枝杆菌、大肠杆菌、链球菌和表皮葡萄球菌均有显著的抑制作用。

【药用时的用法用量】

内服：煎汤，5～15 g；制成胶丸、软胶囊等，每次 1～2 g，每日 2～3 次。

【食用方法】

（1）冲泡饮用：取月见草加入热水进行冲泡，即可饮用。

（2）服用月见草籽粉：将月见草籽磨成粉，先用少量温水搅匀后加入适量开水，加入适量蜂蜜、牛奶调味，即可饮用。

未成年人不宜服用月见草油，经期量多的女性应减量服用。

【开发利用】

（1）月见草的药用开发：月见草油软胶囊以月见草籽油为主要原料，具有调节女性体内的激素平衡，减轻激素改变引起的经前期综合征和更年期综合征等。月见草油乳剂是将月见草油制成 O/W 型乳剂，该乳剂具有拮抗卡那霉素内耳中毒作用。

（2）月见草的食用开发：月见草花富含 Ca、Mg、Zn、Se、Mn 等数十种人体不可缺少的微量元素，将其泡为花茶，可以减肥、美容、抗衰老，同时具有保护心血管、降血压、降血脂和强身健脑的作用。月见草花浸提液配以楂汁、木糖醇制得的饮料，口味清凉、酸甜适口、营养丰富，具有多项保健功能，是适合中老年人的保健饮料。

毛百合

　　毛百合为百合科多年生宿根球茎草本植物毛百合 *Lilium dauricum* Ker-Gawl. 的干燥鳞茎，鳞茎呈卵状球形，高约 1.5 cm，直径约 2 cm。生长于海拔 450 ～ 1500 m 的林缘、山坡、草地、灌丛。主要分布于我国黑龙江、吉林、辽宁、内蒙古、河北等地。朝鲜、日本、蒙古及俄罗斯等国也有分布。

【性味功效】

　　性平，味甘。归心、肺经。

　　其鳞茎具有润肺止咳、清心安神的功效。用于肺痨久咳，心悸失眠，浮肿。

【化学成分】

　　毛百合含有多种活性成分，包括多糖、甾体皂苷、酚类、有机酸等[10]。

　　（1）多糖：毛百合含有丰富的多糖，其单糖组成主要有葡萄糖、阿拉伯糖、鼠李糖、木糖、半乳糖，具有降血糖、降血脂、抗肿瘤、抗病毒、抗炎等作用。目前毛百合多糖的提取方法有热水提取法、酶提取法等。

　　（2）甾体皂苷：毛百合中甾体皂苷的苷元结构分为螺甾烷醇型、异螺甾烷醇型、变形螺甾烷型和其他类型。甾体皂苷具有广泛的抗菌和抗炎活性，可抑制血小板聚集、降低血糖、抗高血压、降低胆固醇。目前毛百合甾体皂苷的提取方法为索氏提取法和超声波辅助提取法等。

　　（3）酚类：毛百合中含有多种酚类成分，如没食子酸、芸香糖苷、绿原酸等，具有抗氧化、抗炎、保护内皮细胞免受氧化应激和炎症反应所带来的损伤作用。

目前毛百合中酚类的提取方法有溶剂浸提法、溶剂回流法、超声波辅助提取法和微波辅助提取法等。

【药效特点】

（1）抗氧化：毛百合酚类化合物对羟自由基有较好的清除效果，毛百合提取物可提高 RIN 细胞中抗氧化酶的活性，具有良好的抗氧化作用。

（2）抗炎：毛百合提取物可抑制 RAW 264.7 细胞内 NO、TNF-α、IL-6 等炎症因子的表达，抑制率分别为 55.21%、20.86% 和 84.95%。

（3）抗癌：毛百合皂苷可抑制人前列腺癌 LNCaP 细胞中 Bcl-2 的表达和促进 Bax、Caspase-3 的表达，从而抑制 VEGF/Akt 信号通路，抑制人前列腺癌的细胞增殖和侵袭，达到抗癌的目的。

【药用时的用法用量】

内服：煎汤，$10 \sim 30$ g。

【食用方法】

（1）百合银花粥：将毛百合和金银花洗净后焙干备用，粳米洗净，煮至浓稠放入毛百合煮 10 分钟，起锅前放入适量白糖，即可食用。适合于咽喉肿痛，易于"内火"旺盛的人群，具有清热消炎、生津解渴等功效。

（2）绿豆百合粥：绿豆适量，粳米或糯米，加水煮熟，加入毛百合略煮。食用前加入冰糖调味。适用于治疗咽喉干咳、热病后余热未尽、烦躁失眠等症，具有清热解毒、利水消肿等功效。

【开发利用】

（1）毛百合的药用开发：百合滑石散是以毛百合和滑石为原料制成的散剂，具有滋阴润肺、清热利尿的功效。

（2）毛百合的食用开发：毛百合果脯是由毛百合鳞茎腌渍制成，该果脯中含有淀粉、糖类、蛋白质、秋水仙素、胡萝卜素和维生素 B_1 等营养物质，具有滋补强壮、镇咳、祛痰、镇静和利尿等作用。

毛榛

毛榛为桦木科灌木植物毛榛 *Corylus mandshurica* Maxim 的果实[4]。毛榛树皮暗灰色或灰褐色，叶宽卵形、矩圆形或倒卵状矩圆形，叶柄细瘦。花期为 4 月，果期为 9 月。榛果 2 ～ 6 个簇生，坚果几球形，长约 1.5cm，顶端具小突尖，外面密被白色绒毛。榛果是人们喜爱的干果食品，种子含淀粉 20%、含油 55.96%。生长于海拔 400 ～ 1500 m 的山坡灌丛中或林下。主要分布于我国黑龙江、吉林、辽宁、河北、山西、山东、陕西、甘肃东部等地。朝鲜、俄罗斯、日本等国也有分布。

【性味功效】

性平，味甘。归脾、胃经。

其果实具有健脾和胃、润肺止咳的功效。

【化学成分】

毛榛含有多种活性成分，包括多酚、油脂、氨基酸、微量元素等[11]。

（1）多酚：毛榛多酚类化合物可显著提高皮肤中胶原蛋白的含量，具有延缓皮肤衰老的作用，广泛存在于毛榛叶中。目前其提取方法为溶剂萃取法和超声波辅助提取法等。

（2）油脂：榛子油主要成分为油酸、亚油酸，属于不干性优质食用油，可防止动脉粥样硬化，有助于肝脏、肾脏功能的恢复。目前其提取方法为索氏提取法、超声波辅助提取法和超临界流体萃取法等。

（3）氨基酸：榛仁含有人体所需的 8 种氨基酸，如赖氨酸、色氨酸、苯丙氨酸、甲硫氨酸、苏氨酸、亮氨酸、异亮氨酸、缬氨酸，其含量远远高于核桃等。

【药效特点】

（1）预防心脏病：榛仁脂肪中含有的亚油酸可稀释胆固醇，具有预防心脏病发作的作用。

（2）抗衰老：毛榛子中含有大量的维生素E，可润泽肌肤，具有延缓衰老的作用。

（3）抗疲劳：毛榛多糖可显著延长小鼠爬杆、爬绳、无负重游泳时间，减少小鼠的累积耗氧量及存活期总耗氧量，提高小鼠的抗疲劳能力[12]。

【药用时的用法用量】

口服：5～10颗。

【食用方法】

（1）榛子粥：榛子去皮，水研磨，滤取其浆汁，和粳米煮成粥，即可食用。

（2）加工成粉后做糕点。

（3）榨油食用。

【开发利用】

榛仁汤是以榛仁、党参、淮山药、砂仁、陈皮、莲子为原料，水煎服，具有健脾益胃的功效，主治脾胃虚弱所致饮食减少、气短乏力等症状。榛仁陈皮饮是以榛仁和陈皮为原料，榛仁磨成细粉，用煎好的陈皮汤送服，具有清热解毒的功效。以榛仁为原料可制成糖果、巧克力、糕点、冰激凌等，其中榛仁巧克力是畅销欧洲各国的高档食品。以榛仁为原料制成的榛子粉、榛子乳、榛子酱是高级营养品，特别适宜儿童、年老体弱及病后恢复人群享用，是健康益寿的佳品。榛仁还可以用来榨油，榛油色清黄、味香，含不饱和脂肪酸居多。目前未见毛榛的药用开发。

长瓣金莲花

长瓣金莲花为毛茛科植物长瓣金莲花 *Trollius macropetalus* Fr. Schmidt 的花，多年生草本植物，全株无毛，花直径 3.5 ～ 4.5 cm；萼片 5~7 片，金黄色，干时变橙黄色宽卵形或倒卵形，花瓣 14 ～ 22 个。花期前采收，阴干即可。常生于海拔 450 ～ 600 m 之间的湿草地。原产亚洲北温带，我国辽宁、吉林、黑龙江等地，俄罗斯、朝鲜北部也有分布。

【性味功效】

性寒，味苦。归肺经。

其花具有清热解毒的功效。

【化学成分】

长瓣金莲花中含有多种活性成分，包括黄酮、挥发油、有机酸等。

（1）黄酮：黄酮类化合物是长瓣金莲花中的主要成分，是一种天然抗氧化剂，包括牡荆苷、荭草苷、牡荆素 -2-*O*-β-D- 吡喃木糖苷、荭草素 -2-*O*-β-D- 吡喃木糖苷等，其中牡荆苷和荭草苷含量最高。目前长瓣金莲花黄酮的提取方法有索氏提取法、回流提取法等[13]。

（2）挥发油：长瓣金莲花含大量挥发油类成分，如沉香醇、2,6- 二叔丁基苯甲酚、邻苯二甲酸丁基辛基酯等。目前其提取方法有水蒸气蒸馏法、超声萃取法等[14]。

（3）有机酸：目前已从长瓣金莲花中分离鉴定出辛酸、藜芦酸、金莲酸等有机酸类成分。长瓣金莲花有机酸的提取方法有超声波辅助提取法、酶辅助法等[15]。

【药效特点】

（1）抑菌：长瓣金莲花的茎叶提取物对金黄色葡萄球菌、福氏痢疾杆菌、伤寒杆菌、变型杆菌、志贺氏痢疾杆菌、白色葡萄球菌、铜绿假单胞菌及副伤寒杆菌有显著的抑制作用。与花相比，茎叶对金黄色葡萄球菌、志贺氏痢疾杆菌的抑制作用更强[16]。

（2）抗炎：长瓣金莲花中的黄酮类成分对卡拉胶所致大鼠肿胀有显著的抑制作用，可减小大鼠棉球肉芽肿质量，对慢性炎症有显著抑制作用。

（3）抗氧化：长瓣金莲花中的黄酮类成分具有较强的清除超氧阴离子、DPPH自由基的能力。

（4）抗肿瘤：牡荆苷和荭草苷可通过增加 P53 的表达和降低 Bcl-2 的表达，诱导食管癌细胞（EC-109）的生长凋亡，从而发挥对食管癌的治疗作用。长瓣金莲花提取物可通过下调抗凋亡基因 Bcl 和 Bcl-xL，上调促凋亡基因 Bax、Caspase-9 和 Caspase-3 的表达，来抑制体外培养的人白血病细胞、宫颈癌细胞和人结肠癌细胞的表达和增殖。

【药用时的用法用量】

内服：煎汤，3 ～ 6 g。

【食用方法】

（1）煎煮服用。

（2）冲泡饮用：取菊花和长瓣金莲花适量，开水泡服，具有清暑解热的作用。适用于咽喉肿痛较轻者使用，不适合长期服用，孕妇禁用。

【开发利用】

长瓣金莲花片是以长瓣金莲花为主要原料制成的中成药，具有清热解毒的功效，可用于治疗急慢性扁桃体炎、急性结膜炎、急性中耳炎、急性淋巴炎、急性痢疾、急性阑尾炎。目前未见长瓣金莲花的食用开发。

龙牙楤木

龙牙楤木为五加科植物辽东楤木 *Aralia elata* (Miq.) Seem. 的根皮。辽东楤木又名辽东捻木，俗称刺老鸦、虎阳刺、刺龙牙、鹊不踏等。根皮呈筒状，外表面浅棕色或暗灰棕色。其嫩芽是深受人们喜食的野生蔬菜，其根、茎常被用作药食同源的民间药。常生长于海拔约 1000 m 的森林，喜冷凉、湿润的气候，多生长在阴坡。主要分布于我国辽宁省、吉林省及黑龙江省等地区。日本、朝鲜和俄罗斯的西伯利亚等地区也有分布。

【性味功效】

性平，味辛、微苦、甘。归肝经。

其根皮具有健胃、利水、祛风除湿、活血止痛的功效。用于气虚乏力、肾虚阳痿、胃脘痛、消渴、膨胀、水肿、失眠多梦、风湿骨痹。

【化学成分】

龙芽楤木中含有的化学成分主要包括皂苷、挥发油、氨基酸及微量元素等。

（1）皂苷：三萜皂苷广泛存在于楤木属植物中，是龙牙楤木研究最多的活性成分，苷元多为齐墩果酸、常春藤等。目前已从龙牙楤木中分离鉴定出 100 余种皂苷类化学成分。提取龙芽楤木皂苷常用的方法为闪式提取法、盐析辅助酶提取法、超声波辅助提取法和真空耦合超声波提取法等[17]。

（2）挥发油：目前已从龙芽楤木中鉴定出 30 余种挥发油化合物，其中 α- 姜黄烯含量最高，具有抗菌、消炎、镇痛等作用。目前龙牙楤木挥发油的常用提取方法为溶剂提取法、水蒸气蒸馏法、微波辅助提取法、超临界流体萃取法及固相微萃取等[18]。

（3）氨基酸及微量元素：龙牙楤木根皮及嫩芽中含有 15 种氨基酸和 18 种以上无机元素。其中根皮中含有必需氨基酸 7 种、嫩芽中含 9 种。嫩芽中氨基酸含量较根皮高 5 倍以上，而根皮中无机元素含量高，以 Ca、K、Na、Mg、P 为最多。

【药效特点】

（1）抗衰老：龙芽楤木皂苷具有抗衰老作用，其机制与提高体内抗氧化酶活性、清除自由基、抑制脂质过氧化有关[19]。

（2）护肝：龙牙楤木皂苷通过减少脂质过氧化产物丙二醛的含量，提高肝组织中超氧化物歧化酶、谷胱甘肽过氧化物酶活性，使活性氧的生成和清除重新获得平衡，进而改善肝功能，减轻肝细胞的脂肪堆积，并对乙醇所致大鼠急性肝损伤具有预防作用[20]。

（3）抗心肌缺血：龙牙楤木总皂苷可显著改善异丙肾上腺素所致的心肌缺血，减少缺血心肌组织中肌酸激酶的释放，对缺血心肌具有明显保护作用[21]。

（4）抗肿瘤：龙牙楤木多糖对荷瘤小鼠的细胞免疫功能、非特异性免疫功能均有一定的促进作用，可作用于免疫系统的多个环节，有效改善机体的免疫功能，逆转因肿瘤生长而造成的免疫抑制状态。

【药用时的用法用量】

内服：15 ～ 30 g（鲜品加倍）。

外用：适量，捣敷；或煎汤熏洗；或浸酒涂。

【食用方法】

凉拌楤木芽：将楤木芽去杂洗净，入沸水锅焯一下捞出，洗净，切碎放盘内，加入酱油、味精、麻油拌匀即成。食用质地嫩爽、香鲜味美，具有治疗腹泻、痢疾等功效。

脾胃虚弱者不宜用；无湿热毒邪者慎用；孕妇忌用；儿童慎用。

【开发利用】

（1）龙牙楤木的药用开发：龙牙肝泰胶囊是以龙牙楤木提取物为主要原料制成的胶囊类药物，具有降酶保肝的作用，适用于急性肝炎、慢性肝炎转氨酶偏高的辅助治疗。

（2）龙牙楤木的食用开发：龙牙楤木是无污染、纯绿色的保健木本山野菜，其嫩芽和嫩茎叶可作为蔬菜食用，素有"山野菜之王""树人参""天下第一珍"等美誉。

东北牛防风（老山芹）

　　东北牛防风为伞形科植物东北牛防风 *Heracleum dissectum* Ledeb. 的全株，又称老山芹。多年生草本，高达 1 m，茎直立，圆筒形，中空。基生叶有长柄，有小叶。其根肉质，较脆，直根系，主根明显粗大，基部直径 3 ～ 6 cm，长度 12 ～ 20 cm，入土较深。喜温和、冷凉、潮湿的环境，喜含腐殖质多的壤土与砂壤土，并具有较强的耐寒能力。野生状态常生长于天然林中、林缘、河边湿地以及草甸等处。主要分布于我国东北、西南、华北及华中地区，其中辽宁省、吉林省、黑龙江省的野生存储量较大。俄罗斯远东地区也有分布。

【性味功效】

　　性凉，味甘、辛。归肺、胃经。

　　其全株具有清热解毒、净化血液、扶正固本、强身健体的功效。

【化学成分】

　　东北牛防风含有多种成分，主要包括黄酮及酚类等。

　　（1）黄酮：东北牛防风中黄酮类成分丰富，特别是芦丁含量较高，其次是芹菜素。目前东北牛防风黄酮的提取方法有超声波辅助提取法、微波辅助提取法和索氏提取法等[22]。

　　（2）酚类：东北牛防风的嫩叶、嫩茎中含有丰富的酚类物质，具有良好的抗氧化活性，是天然的抗氧化剂。目前东北牛防风中酚类的主要提取方法有溶剂浸提法、溶剂回流法及超声波辅助提取法等[23]。

【药效特点】

　　（1）抗氧化：东北牛防风中酚类化合物对超氧阴离子自由基、羟自由基、

DPPH 自由基及 ABTS 阳离子自由基具有较强的清除能力，表明东北牛防风具有较强的抗氧化活性[24]。

（2）降血糖：东北牛防风的提取物可显著抑制 α-葡萄糖苷酶和 α-淀粉酶活性，起到降血糖的作用[25]。

（3）降尿酸：东北牛防风作为碱性药材，可以加快身体内酸性物质代谢并抑制尿酸生成，从而减少痛风发病的概率。

【药用时的用法用量】

内服：煎汤，3～9 g；或泡酒。

【食用方法】

（1）腌制食用：取东北牛防风洗净，切成小丁，放到沸水中焯 1～2 分钟，取出降温，沥干水分后加入适量食用盐和香油，调匀，冷藏腌制 30 分钟，取出即食。

（2）炒制食用：取剁椒、大蒜适量，将东北牛防风洗净并切段，备用；炒锅中放油加热后，放入蒜末炒香，剁椒炒匀，加入东北牛防风快速翻炒，待东北牛防风变色后加入食用盐和味精调味，即可食用。

【开发利用】

（1）东北牛防风的药用开发：独活寄生汤是以独活、桑寄生、杜仲、牛膝、牛防风等为原料制成的汤剂，具有祛风湿、止痹痛、补肝肾、益气血的功效，可用于治疗慢性关节炎、腰肌劳损、骨质增生等症。

（2）东北牛防风的食用开发：以东北牛防风为原料，采用红茶菌菌种发酵酿造饮料，通过红茶菌的发酵作用将老山芹中活性物质溶入饮料，制得的发酵饮料酸甜爽口，具有茶香和东北牛防风的特殊香气，含有丰富的营养成分。山芹菜是以东北牛防风为主要材料制成的腌制蔬菜类食品，备受老百姓的喜爱，可用于炒菜或包饺子。

东北百合

东北百合为百合科多年生球根花卉植物东北百合 *NakaiLilium distichum* Naka 的干燥鳞茎。东北百合别名卷莲花、老哇芋头、轮叶百合、伞蛋花、山丹花。鳞茎卵球形，白色，有节。喜地势较高、疏松肥沃、排水良好的腐殖质土壤，抗逆性较强，园林应用观赏价值极高，是草地生态系统建设及自然环境美化的优良植物。常生长于海拔 200～1800 m 的山坡林下、林缘、路边或溪旁。主要分布在我国吉林省、黑龙江省和辽宁省。

【性味功效】

性平，味甘。

其鳞茎具有润肺止咳、清心安神的功效。主治结核久咳、痰中带血、虚烦惊悸、心神恍惚。

【化学成分】

东北百合中主要含有甾体皂苷、生物碱、多糖等成分[26]。

（1）甾体皂苷：东北百合中的皂苷类化合物属于甾体皂苷，根据其苷元结构的不同分为 4 类，分别为螺甾烷醇型皂苷、异螺甾烷醇型皂苷、变形螺甾烷醇型皂苷和呋甾烷醇型皂苷，苷元上连接的糖主要有葡萄糖、鼠李糖、甘露糖、阿拉伯糖。百合中甾体皂苷主要以异螺甾烷醇型皂苷为主。目前东北百合甾体皂苷的提取方法有回流提取法、超声波辅助提取法等。

（2）生物碱：生物碱类化合物为东北百合的主要活性成分，包括秋水仙碱、小檗碱、β_1- 澳洲茄边碱及 β_2- 澳洲茄边碱等。目前东北百合生物碱的提取方法有微波辅助提取法、乙醇浸提法等。

（3）多糖：东北百合中含有较多的多糖类物质，包括均多糖和杂多糖，其中以杂多糖为主，其单糖组成包括鼠李糖、阿拉伯糖、葡萄糖和半乳糖等。目前东北百合多糖的提取方法有浸提法、超声波辅助提取法和微波辅助提取法等。

【药效特点】

（1）抗抑郁：东北百合皂苷为抗抑郁的主要有效成分，可显著降低小鼠悬尾不动时间和强迫游泳不动时间，能够降低抑郁大鼠血清中皮质醇和促肾上腺皮质激素的含量，促进海马中 GRmRNA、MRmRNA 的表达，对大脑海马区有一定的保护作用。可缓解抑郁大鼠单胺类神经递质的功能减退，提高大脑皮层中多巴胺和 5- 羟色胺的含量，通过提高大脑皮层单胺类神经递质的含量，抑制亢进的下丘脑 - 垂体 - 肾上腺轴而实现的。

（2）免疫调节：东北百合多糖可提高免疫抑制模型小鼠的免疫器官指数、碳粒廓清指数、腹腔巨噬细胞吞噬指数及增殖反应，提高其血清溶血素 IgG、IgM 含量，促进溶血空斑形成。

【药用时的用法用量】

内服：煎汤，6 ～ 12 g。

【食用方法】

（1）煮熟食用：将东北百合用清水浸泡，煮熟食用，可缓解失眠、神经衰弱等症状。

（2）冲泡饮用：取金莲花和东北百合花茶，倒入开水浸泡，即可饮用，具有美容、解渴和解暑的功效。

（3）酿酒：东北百合鳞茎中的淀粉可用于酿酒。

【开发利用】

天丁散是以东北百合花蕊、香白芷、牛蒡子根、天丁芽、大力子、雄黄为原料制成的散剂，主治疔疮及诸恶疮初生。目前未见东北百合的食用开发。

东北杏

东北杏为蔷薇科植物东北杏 *Armeniaca mandshurica* (Maxim.) Skv. 的果实。果实近球形，黄色，核近球形或宽椭圆形，两侧扁，种仁味苦。东北杏是食用杏，也可作观赏植物栽培，是我国东北地区几种野生果树之一。除果肉可生食、酿酒或制果酱外，其种仁"苦杏仁"是重要的中药材。东北杏的根系发达，树势强健，生长迅速，具有较强的耐寒性和耐干旱、耐瘠薄土壤的能力，可在轻盐碱地中生长。极不耐涝，也不喜空气湿度过高的环境，喜光，适合生长在排水良好的砂质壤土中，多生在开阔的向阳山坡灌木林及杂木林下。主要分布于我国辽宁、吉林等地。俄罗斯远东地区、朝鲜等国也有分布。

【性味功效】

性微温，味苦，有小毒。归肺、大肠经。

其种子具有镇咳祛痰的功效。主治伤风、咳嗽、气喘、支气管炎、全身浮肿。

【化学成分】

东北杏含有多种化学成分，包括苷类、脂类及氨基酸等。

（1）苷类：苦杏仁苷属芳香族氰苷，具有镇咳平喘、润肠通便、抗肿瘤等作用。目前东北杏苷类的提取方法有水提法、有机溶剂提取法、超声波辅助提取法及超临界流体萃取法等。

（2）脂类：苦杏仁中脂肪含量可达 35%～50%，且 95% 以上为亚油酸、亚麻酸等不饱和脂肪酸。具有降血糖、抗炎、镇痛、驱虫杀菌、防癌、防动脉硬化和防心血管疾病的功效。目前东北杏脂类的提取方法有溶剂法、索氏提取法及酶提取法等[27]。

（3）氨基酸：苦杏仁中含有 14 种氨基酸，其中人体必需氨基酸有 8 种，如赖氨酸、甲硫氨酸、缬氨酸、苏氨酸、亮氨酸、异亮氨酸、苯丙氨酸。其中赖氨酸的含量最高，高于野生果山荆子、山里红、山梨、山桃、山葡萄等的含量。

【药效特点】

（1）保肝：苦杏仁中的苦杏仁苷可显著降低由四氯化碳所至肝纤维化大鼠的脾脏指数、肝脏指数及血清 AST、ALT、IV 型胶原蛋白（IV-C）、人层黏连蛋白（LN）和透明质酸（HA）水平，同时可缓解肝组织病理程度。

（2）抗衰老：苦杏仁多肽中含有丰富的组氨酸和含硫氨基酸，具备抗氧化与抗衰老的能力，能使人体中抗氧化红细胞膜的黏度有不同程度的降低，从而减轻红细胞膜的过氧化损伤，可滋养皮肤并抑制衰老。

（3）抗癌：苦杏仁中含有丰富的维生素 B_{17}，能抑制和杀死癌细胞，缓解疼痛，有明显的防治癌症的作用。苦杏仁苷可通过影响细胞周期、诱导细胞凋亡、调节机体免疫等机制发挥抗肿瘤作用。

【药用时的用法用量】

根据药典记载，每日 5～10 g。

【食用方法】

（1）果肉可直接服用。

（2）果肉制成果酱：将东北杏去核搅碎成泥，加入适量水煮沸，放入适量白糖或蜂蜜调味，冷却即可食用。

（3）苦杏仁可煮熟或炒熟服用，但不宜多吃。

婴儿慎服，阴虚咳嗽及泻痢便溏者禁服。

【开发利用】

（1）东北杏的药用开发：杏仁水是以杏仁为主要原料制成的中成药，为无色澄明液体，有类似苦杏仁的特臭，具有镇咳的作用。

（2）东北杏的食用开发：盐水杏仁是以杏仁和盐为主要材料制成的坚果制品，可以直接食用，也可以煮粥、炒菜和榨汁。炒杏仁是以去皮苦杏仁炒制而得，口感酥脆，湿热体质人群不宜服用。

北黄花菜

北黄花菜为萱草科植物北黄花菜 *Hemerocallis lilioasphodelus* L. 的全株，别名金针菜、黄花苗子、北黄花萱草。叶长 20～70 cm，花葶长于或稍短于叶，花序分枝，花被淡黄色。花可作为野菜，根及根状茎具清热利尿、凉血、止血之功效，可作为观赏植物。生长于海拔 500～2300 m 的草甸、湿草地、荒山坡或灌丛下。主要分布于我国黑龙江（东部）、辽宁、河北、山东（泰山、崂山）、江苏（连云港）、山西、陕西（太白山、华山、佛坪）和甘肃（南部）等地。俄罗斯、欧洲也有分布。

【性味功效】

性凉，味甘。归膀胱经。

其全株具有清热利尿、凉血止血的功效。用于腮腺炎、黄疸、膀胱炎、尿血、水肿、小便不利、乳汁缺乏月经不调、衄血、便血；外用于乳腺炎。

【化学成分】

北黄花菜中的化学成分主要有黄酮、挥发油、无机物等。

（1）黄酮：北黄花菜中含有的黄酮类化合物主要有芦丁、芸香苷等。目前北黄花菜黄酮常用的提取方法为溶剂提取法、超声波辅助提取法等[28]。

（2）挥发油：北黄花菜中含有 3-呋喃甲醇、二糠基醚、3-呋喃基甲基乙酸酯、咪唑-4-乙酸等挥发油。目前常用提取方法为水蒸气蒸馏法、微波辅助提取法、超临界流体萃取法等。

（3）无机物：北黄花菜中含有人体所需的多种微量元素，如 Ca、P、Na、K、

Mn、Ba 和 Mo 等。

（4）其他成分：北黄花菜中含有蛋白质、脂肪、碳水化合物、胡萝卜素及维生素等营养物质。

【药效特点】

（1）抗癌：北黄花菜中含有的秋水仙碱对细胞有丝分裂有明显抑制作用，可抑制癌细胞的生长，在临床上已用于乳腺癌、皮肤癌、白血病的治疗。

（2）降血压：北黄花菜可降低血清胆固醇的含量，使血压逐渐恢复平稳，十分适合高血压患者食用，经常食用还能增强身体的免疫能力。

（3）滋养肌肤：北黄花菜中含有的胡萝卜素可以促进细胞代谢，改善肌肤暗沉以及粗糙暗黄，起到滋养肌肤、延缓衰老的效果。

（4）促进消化：北黄花菜中含有丰富的维生素 B_1，可以促进肠道蠕动，有利于肠道内食物消化，起到促进消化、增强食欲的作用。

【药用时的用法用量】

内服：煎服，5～10 g。

【食用方法】

（1）凉拌食用。

（2）将黄花菜洗净，放入锅中，加入葱花炒熟，再加入鸡精，炒均，即可食用。

支气管炎患者不宜食用。

【开发利用】

（1）北黄花菜的药用开发：五色汤是以青皮、银耳、黑豆、大枣、黄花菜为原料制成的方剂，具有和五脏、调气血、消皱纹的功效。可用于预防和治疗面部过早出现皱纹的现象。

（2）北黄花菜的食用开发：北黄花菜是普通家庭的家常菜之一，目前有北黄花菜罐头及黄花菜肉类半成品罐头等产品，也有脱水蔬菜及相近产品。

龙葵

龙葵为茄科植物龙葵 *Solanum nigrum* L. 的全草,别名龙葵草、天茄子、黑天天、苦葵、野辣椒、黑茄子、野葡萄,为一年生草本植物。全草高 30 ~ 120 cm,茎直立,多分枝;卵形或心型叶子互生,夏季开白色小花,球形浆果,成熟后为黑紫色。喜生于田边、荒地及村庄附近,对土壤要求不高,在有机质丰富,保水保肥力强的壤土上生长良好。我国几乎全国均有分布。欧洲、亚洲、美洲的温带至热带地区也有分布。

【性味功效】

性寒,味苦、微甘。有小毒。归膀胱经。

其全草具有清热解毒、利水消肿、凉血止血的功效。用于热毒痈肿疔疮、小便不利、血热吐血。

【化学成分】

目前,从龙葵全草及其果实中分离得到多种生物活性成分,主要包括生物碱、多糖、黄酮苷等[29,30]。

(1)生物碱:生物碱类成分是龙葵抗肿瘤作用的主要活性成分,包括澳洲茄碱、澳洲茄边碱、茄微碱、茄达碱和龙葵定碱等,其中澳洲茄碱和澳洲茄边碱的含量较多,分别为 0.2% 与 0.25%。未成熟龙葵果实中甾体生物碱含量可达 4.2%。目前龙葵生物碱的提取方法有溶剂提取法、超声波辅助提取法、微波辅助提取法等。

(2)多糖:龙葵多糖的单糖组成包括鼠李糖、木糖、葡萄糖、甘露糖、阿拉伯糖及半乳糖等,具有抗肿瘤作用。目前龙葵多糖的提取方法有水提醇沉法、超声波辅助提取法、闪式提取法等。

（3）黄酮苷：黄酮苷类为龙葵叶中的主要成分，包括槲皮素-3-龙胆二糖苷、槲皮素-3-半乳糖苷及槲皮素-3-葡萄糖苷等。目前龙葵黄酮苷的提取方法有超声波辅助提取法、微波辅助提取法和热回流提取法等。

【药效特点】

（1）抗肿瘤：龙葵提取物中的多糖、生物碱等为龙葵抗肿瘤作用的活性成分，均有显著的细胞毒作用，可通过抑制肿瘤细胞生长、诱导肿瘤细胞凋亡、促进肿瘤细胞死亡、干扰肿瘤细胞周期、调节免疫等抑制肿瘤的生长[31]。

（2）抗炎：龙葵中的澳洲茄胺可缓解兔耳烫伤或大鼠实验性脚肿的症状。对豚鼠过敏性、组胺性、小鼠烧伤性和胰岛素性休克均有保护作用，可使豚鼠及大鼠肾上腺中胆固醇和维生素C含量增加，肾上腺皮质功能下降[32]。

（3）保肝：龙葵醇提取物可显著增强肝药酶的活性，并对四氯化碳所致的肝损伤小鼠具有显著的肝保护作用[33]。

（4）解热镇痛：龙葵中含有的澳洲茄胺可降低小鼠对疼痛刺激的敏感性，另有降低体温的作用。

【药用时的用法用量】

根据药典记载，每日用量 9～15 g。

外用：适量，熬膏外敷或煎水洗，或鲜品捣烂敷。

【食用方法】

（1）直接食用：龙葵中含有龙葵素、龙葵碱等有毒物质，食用前必须经开水漂烫浸泡，去掉有毒物质后方可食用。

（2）龙葵稀饭：将白米用滚水或高汤熬煮成粥。随后加入新鲜龙葵叶煮 5 分钟，加入盐调味，即食。

【开发利用】

（1）龙葵的药用开发：复方龙葵颗粒是以龙葵、白花蛇舌草等为主要原料加工而成的颗粒剂，临床上用于治疗慢性乙型肝炎，疗效明显。博尔宁胶囊是以龙葵、女贞子、光慈菇、马齿苋、黄芪等多味中药为原料制成胶囊剂，内容物为棕黄色粉末，气香，味微咸、微辛、苦，具有扶正祛邪、益气活血、软坚散结、消肿止痛的功效，可作为癌症辅助治疗药物，配合化疗期间使用，具有减毒、增效作用。

（2）龙葵的食用开发：龙葵酒是以龙葵果为原料，利用果酒酵母和活性干酵母酿造的果酒，具有增强免疫力、化痰止咳的作用。龙葵果还可以制作成糖水龙葵果罐头。龙葵果饮料是以龙葵果为原料制成的功能性饮料，其酸甜适宜、口感较好，具有抗炎杀菌的作用。

兴安杜鹃

兴安杜鹃为杜鹃花科植物兴安杜鹃 *Rhododendron dauricum* L. 的全株，别名满山红，映山红，达子香。高可达 2 米，分枝多。叶片近革质，椭圆形或长圆形，花粉红色或紫红色，伞形着生花先叶开放。其始载于《东北常用中草药手册》，常生长于山地落叶松林、桦木林下或林缘。分布于我国黑龙江（大兴安岭）、内蒙古（锡林郭勒盟、满洲里）、吉林、辽宁东部山区及内蒙古（呼伦贝尔市）、小兴安岭山区等地。日本、朝鲜、俄罗斯等国也有分布。

【性味功效】

性寒，味辛、苦。归肺、脾经。

用于止咳、祛痰。

【化学成分】

兴安杜鹃中含有黄酮、酚类、萜类及挥发油等化合物[34]。

（1）黄酮：兴安杜鹃中黄酮类化合物包括异金丝桃苷、金丝桃苷、山奈酸、槲皮素等，9～10 月份采集时，其黄酮含量达到最高。目前兴安杜鹃黄酮的提取方法有乙醇提取法、超声波辅助提取法、微波辅助提取法及超临界流体萃取法等。

（2）酚类：兴安杜鹃中含有较多的酚类物质，如对羟基苯甲酸、香草酸、茴香酸、熊果苷等。目前兴安杜鹃酚类物质的提取方法有溶剂提取法、超声波辅助提取法等。

（3）萜类：兴安杜鹃叶中萜类物质包括齐墩果酸、熊果酸等，具有杀菌、保肝、增强免疫力等多种生物活性。目前兴安杜鹃萜类物质的提取方法有水蒸气蒸馏法、有机溶剂法、碱提酸沉法等。

（4）挥发油：兴安杜鹃中挥发油类成分包括杜鹃酮、杜松脑、薄荷醇、桉叶醇、γ-芹子烯、γ-榄香烯、月桂烯、蛇床烯、莰烯及蒎烯等。目前提取方法有超临界流体萃取法和水蒸气蒸馏法等。

【药效特点】

（1）镇咳、平喘、祛痰：兴安杜鹃黄酮类成分杜鹃素，具有止咳、祛痰的功效。杜鹃素可直接作用于呼吸道黏膜，促进纤毛运动，增强气管、支气管机械清除异物的功能，使痰液黏度下降，痰变稀，易于咳出。

（2）抗氧化：兴安杜鹃提取物对亚硝酸盐和超氧阴离子均有清除作用，对亚硝胺的合成具有阻断作用，其中兴安杜鹃的叶提取物的抗氧化作用强于茎提取物。兴安杜鹃叶总生物碱提取物可有效抑制金黄色葡萄球菌和大肠杆菌的活性，具有较强的自由基清除能力，说明兴安杜鹃叶生物碱是天然的抑菌剂和抗氧化剂[35]。

（3）抗炎：兴安杜鹃水、醇提物均可抑制以毛细血管扩张、通透性增加及渗出性水肿为主的急性炎症反应；可拮抗冰醋酸引起的毛细血管通透性增强作用，降低局部炎症组织中毛细血管通透性，对急性炎症有显著抑制作用[36]。

【药用时的用法用量】

内服：煎汤，15～30 g；或浸酒。

【食用方法】

（1）煎煮饮用：可用于缓解咳喘痰多。

（2）泡酒饮用：取兴安杜鹃放入白酒中浸泡7天，过滤即可饮用。每天早中晚各服用一次，可用于缓解慢性支气管炎。

兴安杜鹃的根部在大剂量使用时可出现血压骤降、心率减慢及心律失常等不良反应，毒性反应多发生于老年人，故老年人应少量服用或慎用。

【开发利用】

复方满山红糖浆是以兴安杜鹃、百部、罂粟壳、桔梗及远志为主要原料所制成，棕褐色黏稠液体，可用于治疗咳嗽痰多和急慢性支气管炎。目前未见兴安杜鹃的食用开发。

轮叶党参（羊乳）

　　轮叶党参为桔梗科多年生缠绕性草本植物轮叶党参 *Codonopsis lanceolata* (Sieb. et Zucc.) Trautv. 的干燥根，具有白色乳汁，以"羊乳"之名始载于《名医别录》。多年生蔓生草本。根粗壮，倒卵状纺锤形。轮叶党参喜凉爽气候，生长期遇高温，地上部分易枯萎和感染病害，常野生于山地林缘、树林下，灌木丛及溪谷间。在我国吉林延边地区及韩国、朝鲜等地习惯采其春季幼苗或根作为山珍食用，美味可口，是难得上好佳肴，其根也可作为民间草药，是药食两用植物。主要分布于我国东北、华南、西南地区。朝鲜、日本、俄罗斯等国也有分布。

【性味功效】

　　性平，味甘、辛。归肺、肝、脾、大肠经。

　　其根具有滋补强壮、补虚通乳、排脓解毒、祛痰的功效。用于血虚气弱、肺痈咯血、乳汁少、各种痈疽肿毒、瘰疬、带下病、喉蛾。

【化学成分】

　　轮叶党参中主要包括多糖、三萜、氨基酸、维生素等化学成分[37]。

　　（1）多糖：轮叶党参多糖的单糖组成包括阿拉伯糖、半乳糖、葡萄糖、半乳糖醛酸、甘露糖，具有抗氧化活性。目前其提取方法有水提醇沉法、微波提取法。

　　（2）三萜：三萜类化合物是目前从轮叶党参中分离鉴定出最多的化学成分，包括齐墩果酸、刺囊酸、阔叶合欢萜酸等，其中刺囊酸具有调节肠道菌群的作用。目前其提取方法有超声波辅助提取法、微波辅助提取法等。

（3）氨基酸及维生素：目前已从轮叶党参中鉴定出十余种氨基酸，包括天冬氨酸、赖氨酸、谷氨酸、丙氨酸等，且氨基酸总量高于多种蔬菜。轮叶党参中还富含多种维生素，如维生素 B_1、维生素 A、维生素 E。

【药效特点】

（1）保肝：轮叶党参总皂苷可抑制氧自由基的过度产生、下调白介素-18、TNF-α 等炎症因子的过度表达并提高机体抗氧化能力，从而达到保护肝脏的作用。蒸制轮叶党参可降低由乙醇暴露所致急性肝损伤小鼠血清中的 ALT、AST、甘油三酯（TG）及 MAD 水平，并可减轻肝脏的脂肪变性和肝结构的分裂。轮叶党参的甲醇提取物可明显改善由乙醇诱导的 C57BL/6N 小鼠的慢性酒精性肝炎[38]。

（2）免疫调节：轮叶党参多糖对由环磷酰胺和氢化可的松引起的动物免疫功能低下有一定的拮抗作用，不仅能使免疫器官胸腺、脾脏的重量增加，吞噬指数也明显升高，其作用表现为促进巨噬细胞的增殖和激活巨噬细胞的活性[39]。

（3）抗炎：轮叶党参皂苷可显著抑制由二苯胺和卡拉胶诱导的小鼠耳肿胀反应，减轻小鼠由于炎症引起的耳肿胀程度。

（4）抗肿瘤：轮叶党参正丁醇提取部分能够通过阻止 G0/G1 发展和凋亡来抑制人结肠癌细胞 HT-29 的生长，且呈时间和剂量依赖关系。轮叶党参甲醇提取物能够通过上调 Bak 蛋白从而诱导人口腔癌细胞 HSC-2 的凋亡。

【药用时的用法用量】

口服：煎剂，15 ～ 30 g（鲜品倍量，捣汁同）；膏剂，18 g。

外用：适量。

【食用方法】

（1）幼苗炒熟食用。

（2）腌制食用：取洗净的轮叶党参加上蒜末、辣椒粉、盐、白糖、醋和酱油等调味料，拌匀即可食用。

【开发利用】

（1）轮叶党参的药用开发：疗肺宁片是以百部、穿心莲、白及、轮叶党参为原料制成的糖衣片，除去糖衣后显暗绿色，具有润肺、清热、止血的功效，可用于治疗肺结核，也可与其他抗结核药物合并使用。

（2）轮叶党参的食用开发：轮叶党参糯米酒是以轮叶党参和糯米为主要原料，经发酵而得，酒体醇厚，酸甜适中，有淡淡的轮叶党参特有香味。轮叶党参脆片是以轮叶党参为原料，经真空冷冻干燥工艺制得，口感酥脆，香气浓郁，营养丰富。

松子

　　松子为松科植物红松 *Pinus koraiensis* Sieb. et Zucc. 的种子，别名海松子、松子仁、新罗松子。种子呈倒卵状三角形，无翅，红褐色，长 1.2～1.6 cm，宽 7～10 mm。种皮坚硬，破碎后可见种仁，呈卵状长圆形，先端尖，淡黄白色或白色，有松脂样香气，味淡有油腻感。生于海拔 150～1800m 的针阔叶混交林中。主要分布于我国黑龙江、吉林等地。日本、朝鲜、韩国、俄罗斯等国也有分布。

【性味功效】

　　性微温，味甘。归肝、肺、大肠经。

　　其果实具有润燥、养血、祛风的功效。主治肺燥干咳、大便虚秘、皮肤燥涩、毛发不荣、诸风头眩、骨关节风湿、风痹。

【化学成分】

　　松子含有多种化学成分，主要为脂肪、蛋白质、磷脂、多糖和微量元素等[4]。

　　(1) 脂肪：松子中脂肪成分含量较高，且大部分为不饱和脂肪酸、亚油酸和油酸，其中不饱和脂肪酸具有降血脂、降血压和预防心血管疾病的作用，亚油酸在经过人体消化吸收后可转化为二十碳五烯酸和二十二碳六烯酸，这两种物质能够促进脑部和视网膜的发育，对视力退化以及阿尔茨海默病有一定预防作用。目前提取松子脂肪的方法有熬制法、水代法和浸出法[40]。

　　(2) 蛋白质：松子中含有 13%～20% 的蛋白质，氨基酸种类丰富，其中必需氨基酸占氨基酸总量的 25%，谷氨酸含量最高，具有维持钾钠平衡、消除水肿、提高免疫力、降血压、缓冲贫血等作用。目前松子中蛋白质的提取方法有碱溶酸沉法、酶提取法、有机溶剂提取法和盐溶液提取法等[41]。

（3）磷脂：磷脂是组成生物膜的重要成分，松子中总磷脂可达0.75%～0.81%，其中磷脂酰胆碱占45.5%～49.1%，磷脂酰乙醇胺占27.4%～28.3%，磷脂酸占17%～20%，具有调节免疫功能、保护细胞膜、降低血脂等作用。目前松子中磷脂的提取方法有超临界流体萃取法、色谱法、酶提取法和有机溶剂法等[42]。

（4）多糖：松子多糖通过激活 T 淋巴细胞和 B 淋巴细胞的增殖分化，发挥增强免疫力的作用。目前松子多糖的主要提取方法为煎煮法、超声波辅助提取法和浸提法等[43]。

【药效特点】

（1）抗疲劳：松子中的 P、Mn 等微量元素具有抗疲劳及补益大脑神经作用。

（2）降脂：松子中富含不饱和脂肪酸，可使甘油三酯、总胆固醇降低，积极预防动脉硬化。

（3）体外溶石：松子对胆固醇及含胆固醇量较多的混合型胆石有较好的溶化和溶解作用。

（4）护肝：松子多糖有显著保肝作用，可增强肝脏中超氧化物歧化酶及过氧化氢酶活性，有利于机体清除超氧阴离子和过氧化氢，减轻肝细胞损伤。

（5）抗氧化：松子中含有丰富的维生素 E，是一种较强的抗氧化剂，能抑制细胞内和细胞膜上的脂质过氧化，保护细胞免受自由基的损害，从而保护细胞的完整性[44]。

【药用时的用法用量】

内服：煎汤，10～15 g；或入丸、膏。

外用：适量，炒黑研末调敷。

【食用方法】

（1）直接食用。

（2）制成甜品：松子取仁可制成松仁糖、松仁枣泥饼等甜品供佐茶用。

（3）松子炒鸡丁：取母鸡肉半只，处理干净后切成小块儿，调拌后炸成金黄色。松子取仁略炸，二者配合葱姜料共炒，加入料酒炒熟。味道鲜美，深受广大食客喜爱，适用于头晕体虚者。

（4）煲粥：以松仁适量与大米混合煮粥，粥成后加红糖，口味更佳，可缓解燥咳、便秘等症状。

【开发利用】

（1）松子的药用开发：仙方凝灵膏是由茯苓、松子、松脂等药材研成细粉，入白蜜微火煎至膏状即成。本品为保健常方，具有延年益寿、身轻目明之功效。松子冲剂是由松子、柳叶菜根、甘草、黑头草、垂盆草等制备而成，具有清热利湿、解毒消肿、健脾益气、养血润燥、疏风清热、祛风止痒、生肌敛疮之功效，吸收效果好，疗效显著，经临床验证对口周湿疹治愈率较高。

（2）松子的食用开发：松子酒是由松子、白酒、冰糖制作而成，具有健脾益肺、补血润燥等功效，用于病后体虚者恢复体力、强精旺气、肺虚咳嗽、风眩头痛、便秘等。松子汤是由松子、黑芝麻、枸杞子、杭菊花等制作而成，具有滋养肝肾、清利头目的作用。松子什锦饭是由大米饭、嫩鸡肉、瘦猪肉、鸡蛋、胡萝卜、松子仁等食材通过料酒、精盐、味精、酱油、葱花、白糖、素油等调味料调配而成，具有养阴、熄风、润肺、滑肠等功效，久食能延年益寿。

库页悬钩子

库页悬钩子为蔷薇科植物库页悬钩子 *Rubus sachalinensis* Lévl. 的茎叶，别名为野悬钩子、白背悬钩子。库页悬钩子为灌木或矮小灌木，高 0.6～2 m。茎直立，叶互生，边缘锯齿，有叶柄。其果实呈卵球形，较干燥，直径约 1 cm，红色，具绒毛，核有皱纹，花期 6～7 月，果期 8～9 月。喜长于海拔 1000～2500 m 的山坡潮湿地密林下、稀疏杂木林内、林缘、林间草地。主要分布于我国黑龙江、吉林、内蒙古、河北、甘肃、青海、新疆等地。日本、朝鲜、俄罗斯及欧洲也有分布。

【性味功效】

性平，味苦、涩。归心、肺、大肠经。

其茎叶具有清肺止血、解毒止痢的功效。主治吐血、衄血、痢疾、泄泻。

【化学成分】

库页悬钩子中含有多种化学成分，主要为黄酮、萜类和酚类[45]。

（1）黄酮：库页悬钩子植物的叶、果、茎中均含有黄酮类化合物，主要包括槲皮素、山奈酚、黄酮苷、芹菜素等。目前库页悬钩子中黄酮的提取方法有超声波辅助提取法、微波辅助提取法和热回流提取法等。

（2）萜类：三萜类化合物是库页悬钩子的主要有效成分，在全草、根、茎和叶中均有分布，根据其母核结构可分为乌苏烷型和齐墩果烷型。该类化合物具有广泛的生物活性，如抗肿瘤、神经保护、保肝等。目前库页悬钩子中萜类的提取方法有浸提法、回流提取法和超声波辅助提取法等。

（3）酚类：库页悬钩子中含有没食子酸、咖啡酸、没食子酸乙酯、对羟基苯乙酸以及花青素等多种酚酸类化合物，主要分布于茎、叶和果实中，具有抗炎、抗菌和抗氧化的作用。目前库页悬钩子中酚类的提取方法有浸渍法、碱液提取法和酶解法。

【药效特点】

（1）抗氧化：库页悬钩子中黄酮提取物对羟自由基有较强的清除作用，且清除作用随含量增高而增加。库页悬钩子果实中含有的糠醛、芳樟醇和亚油酸等具有较强抗氧化作用，可使机体免受由氧化反应引起的损害，从而防治由自由基氧化所导致的疾病[46]。

（2）抗疲劳：库页悬钩子粗提物可有效延长小鼠负重游泳至力竭的时间，具有提高运动耐力、抗疲劳的作用[47]。

（3）抑菌：库页悬钩子茎秆提取物对金黄色葡萄球菌、乙型副伤寒菌等病菌具有显著抑制作用[48]。

【药用时的用法用量】

内服：煎汤，15～30 g。

外用：适量，捣烂取汁，涂敷或滴眼；或研末撒敷。

【食用方法】

（1）煲粥：将库页悬钩子洗净，冷水入锅，煮沸，滤出，加入浸泡后的粳米，文火熬制，加入少许蜂蜜口味更佳，服用后可利于排泄。

（2）三子核桃肉益发汤：以女贞子、库页悬钩子、菟丝子和核桃为原材料，加入适量精肉和水，文火煲制而成，味道鲜美，营养丰富，具有益肾固精、乌发固发的作用。

（3）固精益肾猪肚：将山药和库页悬钩子研磨成粉，黄酒浸泡，放入猪脬内，将猪脬移入猪肚，放入适量糯米，将猪肚两头封紧，加黄酒、食盐等调味品，文火煮至猪肚软糯，取出，洗净后放入汤汁中，即可食用，具有调节消化不良的作用。

【开发利用】

（1）库页悬钩子的药用开发：库页悬钩子浸膏是库页悬钩子根以有机溶剂浸提法所制而成，具有促性激素、增强子宫收缩的作用。

（2）库页悬钩子的食用开发：库页悬钩子叶茶是将库页悬钩子叶浸渍，文火煎煮而成的茶饮，具有预防流产、缩短产期和减轻产痛的作用，并可缓解孕妇恶心呕吐。库页悬钩子酱是由其果实腌渍出汁，文火熬制而成，味道酸甜清爽，内含丰富的维生素，长期服用具有抗氧化的作用。

沙参

沙参为桔梗科植物轮叶沙参或沙参 *Adenophora stricta* Miq. 的干燥根。沙参为多年生草本。茎高 40 ～ 80 cm，不分枝，常被短硬毛或长柔毛，稀无毛。花序常不分枝而成假总状花序，或有短分枝而成极狭的圆锥花序，极少具长分枝而为圆锥花序的。花果期 8 ～ 10 月。喜生于土层深厚肥沃、富含腐殖质、排水良好的砂质土壤中，耐寒，多生于低山草丛中和岩石缝内，也有生于海拔 600 ～ 700 m 的草地上或 1000 ～ 3200 m 的开旷山坡及林内者。沙参主产于安徽、江苏、浙江；轮叶沙参分布于东北、华北、华东、西南及华南，主产于贵州、河南、黑龙江、内蒙古、江苏。在朝鲜、日本和俄罗斯地区也有分布。

【性味功效】

性微寒，味甘、微苦。归肺、胃经。

根具有养阴清热、润肺化痰、益胃生津的功效。主治阴虚久咳、痨嗽痰血、燥咳痰少、虚热喉痹、津伤口渴。

【化学成分】

沙参中含有多种化学成分，主要为多糖、萜类、挥发油等[49,50]。

（1）多糖：沙参中富含多糖类化合物，具有抗氧化、调节免疫、调节中枢神经系统、改善学习记忆障碍等作用。目前沙参多糖的提取方法有热水浸提法、碱提取法、酶提取法、超滤法等。

（2）三萜：沙参中的三萜类化合物主要以四环三萜和五环三萜为主，如环阿屯醇乙酸酯、羽扇豆烯酮和蒲公英萜酮等。目前沙参三萜的提取方法有浸提法、回流提取法和超声波辅助提取法等。

（3）挥发油：沙参中挥发油的含量约为 3%，主要包括镰叶芹醇、己醛、辛醛等，具有提高免疫力的作用。目前沙参挥发油的提取方法有水蒸气蒸馏法、超声波辅助提取法和超临界流体萃取法等。

【药效特点】

（1）强心：1% 沙参浸剂对离体蟾蜍心脏有明显的强心作用，可显著提升离体心的振幅，作用可持续 5 分钟，是强心类中成药的重要组成中药。

（2）抗真菌：沙参水浸剂对奥杜盎氏小芽孢癣菌、羊毛状小芽孢癣菌等皮肤真菌有不同程度的抑制作用。

（3）抗氧化：沙参多糖可清除老龄小鼠体内氧化自由基，显著降低老龄小鼠肝、脑脂褐素含量，增加老龄小鼠血清中睾酮含量，使老龄小鼠肝、脑中 B 型单胺氧化酶的活性降低[51]。

（4）免疫调节：沙参多糖及水提物可显著增加碳粒廓清指数，增强单核巨噬细胞的吞噬功能[52]。

（5）抗辐射：沙参多糖对小鼠胸腺放射性损伤具有防护作用。

（6）保肝：沙参多糖具有护肝、降低转氨酶和抗病毒作用[53]。

【药用时的用法用量】

内服：熬汤，10 ～ 15 g（鲜品 15 ～ 30 g）；或入丸、散。

【食用方法】

（1）煎煮饮用。

（2）沙参粥：将糙米、沙参一同用文火熬成粥，可缓解干咳痰少或痰黏难咳等症状。

（3）沙参玉竹百合银耳汤：将瘦肉、沙参、玉竹、百合及银耳洗净后一同放入锅中，慢火煲制而成，具有养阴润肺、益胃生津的作用。

【开发利用】

（1）沙参的药用开发：消食健儿冲剂是以沙参、白术、山药、谷芽、麦芽、九香虫为原材料制成的棕黄色颗粒，味甜，用于治疗小儿慢性腹泻、食欲不振及营养不良等症。黄精养阴糖浆是由黄精、薏苡仁、沙参、蔗糖等组成的黏稠液体，具有润肺益胃、养阴生津的作用，用于治疗肺胃阴虚引起的咽干咳嗽和神疲乏力等症。沙参麻黄方是由沙参、炙麻黄、前胡、苦杏仁等组成，具有缓解咳嗽的作用。沙参柴胡方是由沙参、银柴胡、青蒿、白薇、甜杏仁、百合、橘皮络、川贝、海蛤壳、麦冬和白茅根组成，对劳热咳嗽、功能性低热、肺肿瘤低热咳嗽、支气管扩张咳嗽均具良效。

（2）沙参的食用开发：三蛇药酒是将乌梢蛇、银环蛇、眼镜蛇置于容器中，加入白酒浸泡 180 天，将杜仲及沙参等多种药材配伍后放入另一容器中，浸渍 30 天，合并浸渍液，加入蜂蜜、蔗糖等矫味，每日睡前口服 25 ～ 100 mL，可治疗风寒湿痹、手足麻木、筋骨疼痛、腰膝无力等症。

苣荬菜

苣荬菜为菊科植物苣荬菜 *Sonchus wightianus* DC. 的全草，别名为野苦菜、野苦荬、苦荬菜、败酱草，为多年生草本植物。高 30 ～ 60 cm，全株具乳汁。地下根状茎匍匐，生多数须根；地上茎直立，少分枝，平滑。全部叶裂片边缘有小锯齿或无锯齿而有小尖头；上部或顶部有伞房状花序分枝，花序分枝与花序梗被稠密的头状具柄腺毛。苣荬菜适应性强，抗逆性强，耐旱、耐寒，生于盐碱土地、山坡草地、林间草地、潮湿地或近水旁、村边、河边砾石滩等地。主要分布于我国黑龙江、河北、山东、辽宁、内蒙古、陕西、宁夏、新疆、福建、湖北、湖南、广西等地。欧洲、朝鲜、日本、西伯利亚等也有分布。

【性味功效】

性寒，味苦。归肺经。

全草主治胸肋刺痛、食欲不振、胸口灼热、泛酸、作呕、胃腹不适。

【化学成分】

苣荬菜中含有多种化学成分，主要为氨基酸、黄酮、香豆素、挥发油和糖类等[54]。

（1）氨基酸：苣荬菜含有天冬氨酸、亮氨酸、异亮氨酸、苯丙氨酸、赖氨酸和苏氨酸等人体必需氨基酸，是补充人体必需氨基酸的良好食源。

（2）黄酮：苣荬菜全草中富含黄酮类化合物，包括槲皮素、金合欢素、山奈奈素、柯伊利素、木犀草素、异鼠李素、洋芹素等，具有抗菌消炎、抗辐射、调节毛细血管壁渗透性等作用。目前其提取方法有超声波辅助提取法、微波辅助提取法和热回流提取法等。

（3）香豆素：香豆素类化合物是苣荬菜的重要化学成分之一，其中包括秦皮乙素、莨菪亭、秦皮甲素等，具有抗氧化、抗肿瘤、抗凝血等作用，临床用于抗凝血和治疗淋巴管性水肿。目前其提取方法有回流提取法和水蒸气蒸馏法等。

（4）挥发油：苣荬菜中挥发油主要为十六烷酸、棕榈酸甲酯、亚油酸甲酯和亚油酸，还有少量酯类化合物。目前提取苣荬菜挥发油的方法有水蒸气蒸馏法、超声波辅助提取法和超临界流体萃取法等。

（5）多糖：苣荬菜中含有大量的多糖，其中根部多糖含量高于地上部分。

【药效特点】

（1）抗菌：苣荬菜多糖能显著抑制金黄色葡萄球菌、大肠杆菌、变形杆菌等[55]。

（2）抗肿瘤：苣荬菜水煎液能够抑制急性淋巴细胞性白血病患者体内白细胞脱氢酶的活性，进而发挥抗肿瘤作用。

（3）保肝：苣荬菜水煎液能够降低血清谷丙转氨酶水平，增加肝糖原含量，促进肝再生功能，具有显著的保肝作用[56]。

（4）抗病毒：苣荬菜根具有通经理气、活血化瘀、解毒化结的作用，对排除体内毒素特别是尼古丁毒素有良好效果。

（5）抗氧化：苣荬菜提取物可清除自由基，且清除作用与提取物浓度呈正比例关系，对自由基引发的 DNA 氧化损伤具有保护作用。

【药用时的用法用量】

内服：煎汤，9～15 g（鲜品 30～60 g）；或鲜品绞汁。

外用：适量，煎汤熏洗；或鲜品捣敷。

【食用方法】

（1）煎煮饮用。

（2）凉拌苣荬菜：把苣荬菜去根和老叶，洗净，控干水分，加盐、蒜末、香油，拌匀，即可食用，该菜味道爽口，营养丰富，具有清热解毒、补虚止咳的作用。

（3）苣荬菜炒猪肝：苣荬菜放入水中煮沸，捞出，沥干水分备用；向猪肝中加入料酒、食盐、酱油等矫味，用水淀粉将其搅拌均匀，放入油锅，大火煸炒，待猪肝熟后，倒入苣荬菜炒至入味，即可食用。

【开发利用】

（1）苣荬菜的药用开发：六味五灵片是以五味子、女贞子、连翘、莪术、苣荬菜、灵芝孢子粉为原料制成的薄膜衣片，除去薄膜衣后呈棕褐色，味微苦，有轻微香气，用于治疗口干咽燥、眼睛干涩、不欲饮食、失眠多梦等症状。儿童清咽解热口服液是以柴胡、黄芩苷、紫花地丁、牛黄、苣荬菜、鱼腥草、芦根和赤小豆为原料制成的红棕色液体，味甜、微苦，用于治疗长期心情不畅或常食肥腻食物等造成的小儿喉痹。

（2）苣荬菜的食用开发：苣荬菜茶是由适量苣荬菜干品以开水烫泡所得，可用于治疗咽干、咽痒、咽喉肿痛等症。苣荬菜可生服，取鲜苣荬菜数棵，洗净放口内细嚼，含 10～20 分钟，每日 2 次，可缓解口腔炎症。

鸡树条荚蒾

鸡树条荚蒾为忍冬科植物鸡树条 *Viburnum sargentii* L. var. *calvescens* (Rehd.) Hara 的枝、叶，别名天目琼花、糯米条，为落叶灌木植物。高 2～3 m，叶浓绿色，单叶对生，卵形至阔卵圆形，长 6～12 cm，宽 5～10 cm。伞形聚伞花序顶生，紧密多花，由 6～8 个伞房花序组成，直径 8～10 cm。其果实呈红色，近圆形，直径为 8～12 mm。鸡树条荚蒾喜湿润空气，但在干旱气候亦能生长良好，对土壤要求不严，耐寒，多生于海拔 1000～1650 m 的溪谷边、疏林下或灌丛中。分布于我国辽宁、吉林、黑龙江、内蒙古、山东、河北、湖北、四川和浙江等地。日本、朝鲜半岛及俄罗斯远东等地也有分布。

【性味功效】

性平，味甘、苦。归肺、肝、脾、肾四经。

果实具有祛风通络、活血消肿、祛风杀虫的功效。主治腰肢关节酸痛、跌打损伤、疮疖、疥癣。

【化学成分】

鸡树条荚蒾含有多种化学成分，主要为黄酮、香豆素、酚类和挥发油等[57,58]。

（1）黄酮：鸡树条荚蒾叶和果实中均含有黄酮类成分，主要包括槲皮素、山奈酚、木犀草素、芹菜素、查耳酮和花色素等。目前其提取方法有超声波辅助提取法、微波辅助提取法和热回流提取法等。

（2）香豆素：香豆素在鸡树条荚蒾果实、叶中均有分布，具有抗凝血、抗肿瘤、降压等作用，在临床上常作为口服抗凝血药物的原材料。目前其提取方法主要有回流提取法和水蒸气蒸馏法等。

（3）酚类：鸡树条荚蒾中含有大量酚类化合物，主要包括没食子酸、儿茶素、咖啡酸和绿原酸等，其中儿茶素含量最高。目前其提取方法有浸渍法、超声波辅助提取法和酶解法等。

（4）挥发油：鸡树条荚蒾果实中含有大量挥发油，主要包括棕榈酸、6,9-十五碳二烯、十八烷酸、二十八烷，其中 6,9- 十五碳二烯含量最高。目前其提取方法有水蒸气蒸馏法、超声波辅助提取法和超临界流体萃取法等。

【药效特点】

（1）抗炎：鸡树条荚蒾水提物可显著抑制二甲苯所致的炎症反应，减轻小鼠耳肿胀程度，降低腹腔毛细血管通透性，抗炎效果与剂量呈量效关系[59]。

（2）降血糖：鸡树条荚蒾中多酚成分能够显著抑制 α- 葡萄糖苷酶、α- 淀粉酶的活性，延缓复杂碳水化合物和双糖的分解和消化，延迟并减少肠腔对葡萄糖的吸收，从而实现降糖作用[60]。

（3）止咳：鸡树条荚蒾醇提液能够有效延长氨水引起的咳嗽潜伏期，减少单位时间内小鼠的咳嗽次数。

（4）抗菌：鸡树条荚蒾果实提取物对多种致病菌呈现良好抑制效果，如金黄色葡萄球菌、枯草芽孢杆菌、大肠杆菌等[61]。

（5）抗癌：鸡树条荚蒾的茎干提取物可有效抑制人乳腺癌细胞、人肺癌细胞等，抗癌作用理想。

（6）抗氧化：鸡树条荚蒾果实中的花青素和矢车菊素具有清除过氧化物阴离子和羟自由基的作用。

【药用时的用法用量】

内服：煎汤，9 ～ 15 g（鲜品用量加倍）；或研末。

外用：适量，捣敷；或煎水外洗。

【食用方法】

（1）直接服用。

（2）煎煮饮用。

（3）鸡树条荚蒾果酱：将鸡树条荚蒾成熟果实与冰糖水混合，浸渍 12 小时，文火熬制而成。该果酱酸甜爽口，具有提高免疫力的功效。

【开发利用】

（1）鸡树条荚蒾的药用开发：复方消咳喘片是由满山红油、茶条干粉、鸡树条荚蒾干粉、碳酸钙、淀粉和硬脂酸镁组成，具有止咳祛痰和平喘消炎的作用。

将鸡树条荚蒾、珍珠梅、狗肝菜、牛耳大黄、谷芽、春不见、排草香、蟛蜞菊、见风消、洋蓍草、茵陈蒿、大对经草、佛手花、狗舌草和冬葵子按照一定比例配伍混合，可用于治疗肝气郁结型偏头痛，毒副作用小。

（2）鸡树条荚蒾的食用开发：将荷叶、槭叶草根、鸡树条荚蒾叶提取物、厚藤提取物、脱脂牛奶按照一定比例混合，加入麦芽糖、食用明胶等辅料冷冻制成的果冻，口味香甜、低糖低脂、营养保健。将鸡树条荚蒾果、臭李子、风兰和旱荷叶等按一定比例混合，制成鸡树条荚蒾果臭李子风味酸奶，该成品甘甜爽滑、香气浓郁，其制作工艺简单，具有解热祛痰、清肺止咳的作用，长期食用可明显改善肺热咳嗽、咳嗽痰多等症状。

抱茎苦荬菜

抱茎苦荬菜为菊科植物抱茎苦荬菜 *Crepidiastrum sonchifolium* (Maxim.) Pak et Kawano 的全草,别名为苦碟子、满天星、苦荬菜,为多年生草本植物。高 30 ～ 80 cm,全株无毛,根粗壮而垂直,茎直立。基生叶多数,长圆形,长 3.5 ～ 8 cm,宽 1 ～ 2 cm,基部下延成柄,边缘具锯齿或不整齐的羽状深裂,茎生叶较小,卵状长圆形,长 2.5 ～ 6 cm,宽 0.7 ～ 1.5 cm,先端锐尖,基部耳形或戟形抱茎,全缘或羽状分裂。生长于荒野、山坡、路旁、河流及疏林下。主要分布于我国东北、华北和华东等地。朝鲜、俄罗斯等地也有分布。

【性味功效】

性寒,味苦。

全草具有清热解毒、排脓、止痛的功效。主治阑尾炎、肠炎、痢疾、各种化脓性炎症、吐血、衄血、头痛、牙痛、胸痛、腹痛、黄水疮、痔疮。

【化学成分】

抱茎苦荬菜中含有多种化学成分,主要为黄酮、萜类和倍半萜内酯、氨基酸等[62,63]。

(1)黄酮:抱茎苦荬菜中含有较高的黄酮类化合物,主要以木犀草素、芹菜素为主。

（2）萜类：三萜类化合物是抱茎苦荬菜的主要有效成分，其骨架类型主要为齐墩果烷型、乌苏烷型、蒲公英烷型、羽扇豆烷型等。

（3）倍半萜内酯：抱茎苦荬菜中共发现 19 种倍半萜内酯类化合物，如愈创木烷型倍半萜内酯类化合物等。

（4）氨基酸：抱茎苦荬菜中分离鉴定出谷氨酸、天门冬氨酸、丝氨酸、脯氨酸、精氨酸等。

【药效特点】

（1）治疗心脑血管系统疾病：抱茎苦荬菜能预防动脉粥样硬化，其机制与抑制细胞凋亡相关。抱茎苦荬菜注射液对脑缺血再灌注所造成的损伤有保护作用。

（2）抗病毒：抱茎苦荬菜对呼吸道流感病毒 H3N2 和腺病毒有良好的抑制作用。

（3）镇痛、镇静：在小鼠热板法试验中，给小鼠腹腔注射抱茎苦荬菜注射液，有明显的镇痛作用，可降低小鼠自由活动能力，协同戊巴比妥钠的催眠作用，以增加小鼠入睡率。

（4）抗动脉硬化：抱茎苦荬菜可通过调节体内血脂代谢，纠正自由基代谢紊乱进而发挥抗动脉硬化作用。

（5）保肝：抱茎苦荬菜注射液可降低大鼠急性酒精性肝损伤模型血清谷丙转氨酶和谷草转氨酶活性，可显著抑制造模大鼠的还原型谷胱甘肽含量，提高肝组织匀浆液超氧化物歧化酶水平，降低丙二醛含量，对大鼠急性酒精性肝损伤具有较好的治疗作用。

（6）提高记忆力：抱茎苦荬菜口服液能改善正常小鼠及东莨菪碱损害小鼠的学习记忆回避能力。

【药用时的用法用量】

内服：煎汤，9 ～ 15 g；或研末。

外用：适量，水煎熏洗；或研末调敷；或捣敷。

【食用方法】

（1）凉拌苦荬菜：沸水焯一下，去苦味，清水洗净，加蒜泥、醋和生抽调味，最后放食盐、鸡精和麻油调匀，装盘。

（2）清水洗净，加入适量面粉，使其表面包裹均匀，隔水蒸 15 分钟后，淋入蒜泥、生抽和麻油调制的料汁，即食。

【开发利用】

（1）抱茎苦荬菜的药用开发：抱茎苦荬菜注射液是以抱茎苦荬菜为原料加工

制作而成，具有活血止痛、清热祛瘀的作用，广泛应用于冠心病和脑血栓的临床治疗。

（2）抱茎苦荬菜的食用开发：抱茎苦荬菜全草保健速溶茶是由抱茎苦荬菜与绿茶按比例混合后进行超微粉碎，得到100目以上细度的茶粉，具有增加心肌营养性血流量、改善心肌微循环等作用。抱茎苦荬菜饮料是由抱茎苦荬菜原汁、糖、柠檬酸等制作而成，具有提高人体免疫力、解烟、醒酒等功效。

狗枣猕猴桃

　　狗枣猕猴桃为猕猴桃科植物狗枣猕猴桃 *Actinidia kolomikta* (Maxim. et Rupr.) Maxim. 的果实，别名狗枣子、猫人参，藤本植物。长达 7 m，幼枝紫褐色或黑色，无毛或极幼嫩时具短绒毛，髓隔片状，褐色，单叶互生，叶柄纤细，紫褐色，长 2～5 cm，无毛或散生短柔毛，叶片膜质或薄纸质，一部分叶片在其先端有一大块白色或淡红色斑块，有时下延到中部以下，卵形或长圆状卵形，长 6～15 cm，宽 3～12.5 cm，先端渐尖，基部心形，稀近截形，通常不对称，边缘具刚毛状细锯齿，两面无毛或上面散生刚毛或下面沿叶脉有柔毛，尤以中脉下段为多，侧脉 6～8 对。果柱状长圆形，卵形或球形，有时为扁体长圆形，长 2.5 cm。果皮洁净无毛，无斑点，未熟时暗绿色，成熟时淡橘红色，并有深色的纵纹。生于海拔 1600～3500 m 的山地林中或灌丛中。主要分布于我国东北及河北、陕西、四川、湖北、江西、云南等地。俄罗斯远东、朝鲜和日本也有分布。

【性味功效】

　　性平，味酸、甘。归胃、肝、肾经。

　　其果实具有滋养强壮的功效，主治维生素 C 缺乏症。

【化学成分】

　　狗枣猕猴桃的化学成分主要为黄酮、维生素等[64]。

（1）黄酮：狗枣猕猴桃中含有的黄酮类化合物主要为黄酮苷、槲皮素、山奈酚等。

（2）维生素：狗枣猕猴桃富含维生素 C，其含量可高达其他水果的数倍至几十倍，还富含维生素 A 和维生素 B 族。

【药效特点】

（1）抗肿瘤：狗枣猕猴桃能阻断亚硝胺在人体内的生成，降低患癌率，对慢性萎缩性胃炎、胃溃疡、胃息肉、慢性乙型肝炎、肝硬化的患者有显著效果[65]。

（2）促消化：狗枣猕猴桃果汁中含有丰富的半胱氨酸蛋白酶，可使食物中的动物蛋白质分解成易消化吸收的物质，以减轻消化道的负担[66]。

【药用时的用法用量】

内服：煎汤，9～15 g。

【食用方法】

秋季采果，生吃或晒干；可加工成果酱、果脯、果汁等。

【开发利用】

（1）狗枣猕猴的药用开发：狗枣猕猴桃营养口服液是由狗枣猕猴桃、胡萝卜和蜂蜜制作而成，含有人体所需的 18 种氨基酸、胡萝卜素、多种维生素及微量元素，能够促进小儿大脑发育，益智健脑。猕猴桃颗粒是以狗枣猕猴桃提取液辅以蔗糖加工制作而成，具有调中理气、增进食欲、促进消化等作用。

（2）狗枣猕猴桃的食用开发：狗枣猕猴桃干是由狗枣猕猴桃切片加工制作而成，含有丰富的果酸，能抑制角质细胞内聚力及色素沉淀，有效地淡化甚至祛除黑斑，改善肌肤水油平衡。狗枣猕猴桃酒是由野生狗枣猕猴桃、野生蓝莓、野生红豆、白糖发酵而成，酒体呈深红宝石色，色泽澄亮，口感甜香，具有护肤养颜、排毒、调解内分泌等功能。

钝叶瓦松

钝叶瓦松为景天科钝叶瓦松 *Orostachys malacophyllus* (Pall.) Fisch. 的全草[21]，别名干滴落、狗指甲。二年生草本植物，第 1 年植株形成莲座丛，密生莲座叶，长圆状披针形、侧卵形或椭圆形，长 2～4 cm，宽 1.5～2 cm，先端钝或短渐尖，不具刺，全缘，密被暗红色斑点；第 2 年莲座丛中抽出花茎，不分枝，高 10～30 cm，花茎上的叶互生，较莲座叶为大，长达 7 cm。花期 7 月，果期 8～9 月。生长于海拔 1200～1800 m 的岩石缝中。主要分布于我国东北、内蒙古及河北等地。朝鲜、俄罗斯、西伯利亚地区也有分布。

【性味功效】

性凉，味酸、苦。有毒。归肝、肺经。

全草具有凉血止血、清热解毒、收湿敛疮的功效。主治吐血、衄血、便血、血痢、热淋、月经不调、疔疮痈肿、痔疮、湿疹、烫伤、肺炎、肝炎、宫颈糜烂、乳糜尿。

【化学成分】

钝叶瓦松含有多种化学成分，主要为黄酮、有机酸等[67]。

（1）黄酮：钝叶瓦松中含有多种黄酮类化合物，主要为槲皮素、槲皮素 -3-葡萄糖苷、山奈酚、山奈酚 -7- 鼠李糖苷、山奈酚 -3- 葡萄糖苷 -7- 鼠李糖苷。钝叶瓦松黄酮的提取方法为超声波辅助提取法、微波辅助提取法和热回流提取法等。

（2）有机酸：钝叶瓦松中的有机酸主要为没食子酸，其具有抗炎、抗氧化等多种生物学活性。目前其提取方法主要是碱提酸沉法。

【药效特点】

（1）治疗心血管疾病：钝叶瓦松水煎剂对离体蟾蜍、兔心脏均有强心作用。

（2）其他：钝叶瓦松具有清热解毒、止血消肿、利湿敛疮等传统功效，具有抗炎、抗菌、抗肿瘤、抗疲劳等作用。

【药用时的用法用量】

内服：煎汤，5～15 g；捣汁；或入丸剂。

外用：适量，捣敷；或煎水熏洗；或研末调敷。

【食用方法】

（1）鲜用。

（2）取钝叶瓦松50克，捣汁，服用。

【开发利用】

（1）钝叶瓦松的药用开发：钝叶瓦松妇科炎症颗粒是由珍珠、血竭、藏红花、儿茶、瓦松、苦参、蛇床子、黄柏、枯矾、煅海螵蛸等制作而成，具有消炎去肿、止血、促进创面修复与愈合等作用。钝叶瓦松燃急痔疮膏是由钝叶瓦松、龙黄海葵、金丝梅、防风、地榆、五倍子等加工制作而成，可增加血管抵抗力，降低其通透性，减少脆性，对痔疮的炎症、肿胀和出血等症状均有较好的治疗效果。

（2）钝叶瓦松的食用开发：钝叶瓦松解酒茶是由钝叶瓦松、葛根、丹参、菊花、绿豆、杨梅、金铁锁、秦艽等制作而成，可快速、有效地缓解和治愈饮酒所引起的疲劳、头痛、口渴、眩晕、胃痛、恶心、呕吐、失眠、晕眩以及肌肉痉挛。

核桃楸果

核桃楸果为胡桃科植物核桃楸 *Juglans mandshurica* Maxim. 的未成熟果实或果皮。核桃楸果别名马核桃、楸马核果、马核果、山核桃，为落叶乔木，高超过20 m。树皮暗灰色，浅纵列，小枝粗壮，具柔腺毛。髓部薄片状，顶芽大，有黄褐色毛。奇数羽状复叶，互生，长可达 80 cm，叶柄长 5～9 cm，基部肥大，叶柄和叶轴被有短柔毛及星状毛。核果球形，先端尖，不易开裂，核卵形，有棱 8条。生长于土质肥厚、湿润、排水良好的沟谷两旁或山坡中下部的杂木林中。主要分布于我国黑龙江、吉林、辽宁、河北、山西等地。朝鲜北部也有分布。

【性味功效】

性平，味辛、微苦。有毒。归胃经。

果实具有行气止痛、杀虫止痒的功效。主治脘腹疼痛、牛皮癣。

【化学成分】

核桃楸果含有很多化学成分，主要为黄酮、鞣质、醌类等[68,69]。

（1）黄酮：核桃楸果中含有大量的黄酮类化合物，分别为双氢槲皮素、槲皮苷、杨梅苷。目前核桃楸果黄酮的提取方法为碱提酸沉法。

（2）鞣质：核桃楸果中鞣质主要包含咖啡酸甲酸、没食子酸、鞣酸、麻黄素。目前对于核桃楸果中鞣质的提取方法为煎煮法。

（3）醌类：包括 4,8-二羟基奈酚-1-O-β-D-吡喃葡萄糖苷、胡桃醌等，其中胡桃醌的含量在果皮中含量最高。目前核桃楸果中醌类的提取方法为超声波辅助提取法。

【药效特点】

（1）抗肿瘤[22]：核桃楸果对小鼠自发性乳腺癌和移植性乳腺癌有明显抗癌活性，对人胃癌细胞 SGC-7901 的增殖有抑制作用，随时间的增加，其抑制能力增强[70]。

（2）抗菌：核桃楸果对革兰氏阳性菌和阴性菌有抑制作用。

（3）镇痛：核桃楸果皮具有较明显的镇痛作用，能提高小鼠基础痛阈，抑制扭体反应及甩尾反应，阻断神经干及感觉神经末梢的传导，作用强度与剂量相关。

【药用时的用法用量】

内服：浸酒，6 ～ 9 g。

外用：适量，鲜品捣搽患处。

【食用方法】

（1）夏、秋二季采青果趁鲜捣碎泡酒备用。

（2）秋季采成熟果实，除去外果皮，洗净晒干，取仁用。

【开发利用】

（1）核桃楸果的药用开发：核桃楸果抑菌喷剂是由核桃楸果、荜茇、元胡、生理盐水等原料根据口感和香型配制而成的，具有消炎、止血等作用，用于口腔的抑菌、清洁、祛除异味等，效果显著。核桃楸皮膏是由核桃楸皮、植物油、松香、桂枝、甘草等加工制作而成，具有抗炎抗菌、清热解毒、祛风疗癣、止痛止痢、抑制和消除肿瘤等功效。

（2）核桃楸果的食用开发：核桃楸果酒是由核桃楸果、天然杂蜜、花粉、高粱酒等酿制而成，主要用于治疗萎缩性胃炎、胃及十二指肠溃疡。

荠菜

荠菜为十字花科植物荠菜 *Capsella bursa-pastoris* (L.) Medic. 的全草，别名地米菜。一年或二年生草本，高 20 ～ 50 cm，茎直立，有分枝，稍有分枝毛或单毛。基生叶丛生，呈莲座状，具长叶柄，达 5 ～ 40 mm，叶片大头羽状分裂，长可达 12 cm，宽可达 2.5 cm，顶生裂片较大，呈卵形至长卵形，长 5 ～ 30 mm，侧生者宽 2 ～ 20 mm，裂片 3 ～ 8 对，较小，狭长，呈圆形至卵形，先端渐尖，浅裂或具有不规则粗锯齿，茎生叶呈狭披针形，长 1 ～ 2 cm，宽 2 ～ 15 mm，基部箭形抱茎，边缘有缺刻或锯齿，两面有细毛或无毛。全国均有分布。

【性味功效】

性凉，味甘、淡。归肝、脾、膀胱经。

全草具有凉肝止血、平肝明目、清热利湿的功效。主治吐血、衄血、咯血、尿血、崩漏、目赤疼痛、眼底出血、高血压、赤白痢疾、肾炎水肿、乳糜尿。

【化学成分】

荠菜含有多种化学成分，主要为黄酮、糖类、生物碱等[71]。

（1）黄酮：荠菜中含有的黄酮类成分主要包括槲皮素、木犀草素、芹菜素等。目前其提取方法有超声波辅助提取法、微波辅助提取法和热回流提取法等。

（2）糖类：荠菜中含有蔗糖、乳糖、葡萄糖苷和胞外多糖等营养成分，具有免疫调节、抗病毒、降血糖、降血脂、抗氧化、抗衰老、抗辐射等作用。目前其提取方法有煎煮法。

（3）生物碱：荠菜含有大量生物碱，如胆碱、乙酰胆碱、育亨宾、芥子碱和麦角克碱等，具有镇痛、解痉、止咳、抗菌、抗癌、抗心律失常等作用。目前其提取方法为超声波辅助提取法、超临界流体萃取法和回流法。

【药效特点】

（1）兴奋子宫：荠菜煎剂与流浸膏剂对大鼠离体子宫，麻醉兔、猫在位子宫和兔慢性子宫瘘管，均有显著兴奋作用。

（2）抗肿瘤：给小鼠腹腔注射荠菜全草提取物可引起其皮下移植的 Ehrlich 实体瘤生长抑制。

（3）促消化：荠菜能促进消化系统消化、增加胃壁蠕动，荠菜中粗纤维可刺激胃壁和消化系统，提高消化速度，进而达到治疗便秘的作用。

【药用时的用法用量】

内服：煎汤，15～30 g（鲜品 60～120 g）；或入丸、散。

外用：适量，捣汁点眼。

【食用方法】

（1）荠菜根、车前草与水煎服。

（2）荠菜、蜜枣与水煎服。

（3）鲜荠菜、白茅根与水煎，可代茶长服。

【开发利用】

（1）荠菜的药用开发[23]：荠菜润肠冲剂是由荠菜、香蕉、柏子仁、陈仓米、山楂、石榴、楮实子制作而成，具有滑润肠道的功效，且营养丰富，易被人体吸收。荠菜防蚊灵是由荠菜、薄荷、金银花、野艾草和大蒜制作而成，其各成分之间产生协同增效作用，能够达到快速消肿止痒的目的。

（2）荠菜的食用开发：荠菜膳食饼干是由荠菜粉、全麦粉、豆渣粉、黄芩、甘草、橄榄油、木糖醇加工制作而成，具有降血压、清热、解毒、暖胃等保健功效，适宜高血压患者食用。荠菜葡萄酒是由葡萄、荠菜、茼蒿、菊花、大枣、猕猴桃酿制而成，具有益心血管、养颜护肤、抑癌、抗瘤、抗衰、抗辐射、增进食欲、兴奋强壮、消除疲劳、止血利尿等作用。

笃斯越桔

笃斯越桔 *Vaccinium uliginosum* 为杜鹃花科、越桔属的落叶灌木，别名蓝莓、都柿、甸果、黑豆树、讷日苏等，是我国储量最大且分布最广的野生蓝莓[24]。笃斯越桔植株高 0.5～1 m，多分枝，老枝略呈褐色，新生枝条多为浅白至浅绿色，其叶片为全缘卵形或倒卵形，花期 6 月，果期 7～8 月。浆果近球形或椭圆形，直径约 1cm。成熟时蓝紫色，有白霜。生长于海拔 900～2300 m 山坡落叶松林下或林缘、高山草原、沼泽湿地。主要分布于我国黑龙江、吉林、内蒙古等地。朝鲜、日本、俄罗斯以及北美洲也有分布。

【性味功效】

性凉，味甘、酸。归心、大肠经。

果实具有降低胆固醇、保护视力、增强心脏功能、防癌等功效。

【化学成分】

笃斯越桔含有多种化学成分，主要为花色苷、黄酮和酚酸等[72,73]。

（1）花色苷：笃斯越桔花色苷主要存在于果皮中，由 5 种花青素与半乳糖、葡萄糖和阿拉伯糖等以糖苷键结合而成。目前提取笃斯越桔花色苷的方法有溶剂提取法、微波辅助提取法、超声波辅助提取法等。

（2）黄酮：笃斯越桔中黄酮成分主要为杨梅酮、槲皮素和山柰酚等，广泛分布于笃斯越桔植株中，其中叶中含量较高。目前提取笃斯越桔黄酮的方法有醇提法、微波辅助提取法、酶辅助提取法等。

（3）酚酸：笃斯越桔中的酚酸广泛分布于花、果实、叶、根和茎中，其含量在一定程度上受环境影响存在差异。目前提取笃斯越桔中酚酸类化合物的常见方法为溶剂提取法。

【药效特点】

（1）抗氧化：笃斯越桔抗氧化能力较强，对外源 DPPH 自由基和内源羟自由基均具有较好的清除能力。

（2）增强自身免疫力：笃斯越桔浆果可以减少氧自由基对细胞膜、DNA 和其他细胞成分的损害，预防体内功能紊乱，增强人体自身免疫力。

（3）保护眼睛：笃斯越桔果实对于光损伤导致的兔子视网膜反射具有较好的治疗效果。笃斯越桔果实能够有效减少强光伤害，修复常规光照射造成的视紫红质光损伤。

（4）抗癌：笃斯越桔果实能够有效抑制人结肠腺癌 Caco-2 及人肝癌细胞 HepG2 生长[74]。

（5）预防心血管疾病：笃斯越桔可显著降低大鼠血清总胆固醇（TC）、甘油三酯（TG）和低密度脂蛋白（LDL-C）含量，增强脂蛋白酶（LPL）和肝脂酶（HL）活性，调节血脂水平，降低动脉粥样硬化及冠心病等高脂血症的发病率。

【药用时的用法用量】

根据《本草纲目》记载，每日 100 ～ 200 g。

【食用方法】

（1）加入酸奶（或蜂蜜、白糖、橙汁）直接食用。

（2）直接加入开水打成浆液食用，适合糖尿病患者。

（3）笃斯越桔饮料：将笃斯越桔洗净，加入 10 倍量的水榨汁，白糖适量，加热烧开，冷却，放入冰箱，镇凉，即可饮用。

（4）糖拌笃斯越桔：将笃斯越桔加适量白糖，捻碎，拌匀食用。

（5）笃斯越桔酱：将笃斯越桔倒入水中，煮沸，加入适量白砂糖、柠檬汁，煮 10 分钟后收汁至黏稠，即可食用。

【开发利用】

（1）笃斯越桔的药用开发：笃斯越桔复方口服液是以笃斯越桔和霍山石斛为原料制成，其味甜、微酸。笃斯越桔中含有大量维生素和多种微量元素，具有预防脑神经衰老、抗癌等功效，笃斯越桔与石斛结合应用，可共同发挥两种成分的功效，在增强视力、消除眼疲劳、抗氧化等方面亦具有良好作用。

（2）笃斯越桔的食用开发：笃斯越桔内含多种微量元素和氨基酸，营养丰富，可加工成果酱、果冻、饮料、果酒等。笃斯越桔果渣作为果汁生产过程的副产物，富含多酚类化合物和膳食纤维素，加入不同的谷类食品中可替代低筋面粉生产无麸质饼干、面包、挂面、蛋糕等。

柳蒿

柳蒿 *Artemisia integrifolia* 为菊科多年生草本植物，别名蒌蒿、藜蒿、柳蒿菜、水蒿、白蒿等，嫩茎叶可食用。其主根明显，侧根稍多，根状茎略粗，直径 0.3～0.4 cm。生长于低海拔或中海拔湿润或半湿润地区的路旁、河边、灌丛及沼泽地的边缘。主要分布于我国黑龙江、吉林、辽宁、河北、内蒙古等地。朝鲜和俄罗斯也有分布。

【性味功效】

性温，味苦、辛。

根具有清热解毒、健脾去火、解毒消炎、破血行淤、下气通络的功效。

【化学成分】

柳蒿含有多种化学成分，主要包括多糖、黄酮和萜类等[76]。

（1）多糖：柳蒿中多糖含量丰富，其单糖组成主要为鼠李糖和葡萄糖。目前提取柳蒿多糖的方法有水提醇沉法、酶提取法、超滤法、微波辅助提取法、超声波辅助提取法。

（2）黄酮：柳蒿含有丰富的黄酮类成分，如 7-甲氧基 -4′-羟基异黄酮、木犀草素、槲皮素、芹菜素、阿亚黄素、柯伊利素、山柰素等。提取柳蒿黄酮的常见方法为超声波辅助提取法和醇提法。

（3）萜类：柳蒿萜类化合物主要包含棕榈酸、油酸、亚油酸、亚麻酸、艾黄素、α-姜黄烯、α-菠甾醇、邻羟基肉桂酸等。提取柳蒿萜类化合物的常见方法为超声波辅助提取法。

【药效特点】

（1）抗氧化：柳蒿黄酮类化合物具有抗氧化作用，可抑制脂质过氧化，清除自由基[77]。

（2）增强免疫力：柳蒿芽提取物可通过提高血清溶血红素水平和增强淋巴细胞增殖能力来增强人体特异性免疫功能。

（3）清肠排毒：柳蒿含有大量膳食纤维、胡萝卜素，这些物质进入人体后能促进肠道蠕动，清理肠道壁上淤积的毒素，减轻肠燥便秘等症状。

（4）保肝：柳蒿提取液可明显抑制小鼠肝损伤后血清中 ALT、AST 和肝组织中 MDA 含量升高，提高肝组织中总超氧化物歧化酶（T-SOD）、GSH-Px、总抗氧化能力（T-AOC）活性[78]。

（5）清热去火：柳蒿能清理身体内的热毒，防止多种上火症状出现，缓解热毒入侵导致的口舌生疮或咽喉肿痛[79]。

（6）降血压：柳蒿是一种高钾低钠的健康食品，能加速钠盐在体内的排出，防止钠盐在人体血液中的积累，增加人体血容量，使血压明显降低。适用于高血压患者[80]。

【药用时的用法用量】

内服：干柳蒿芽 3g，泡水饮用。

【食用方法】

（1）柳蒿芽蘸酱菜：新鲜柳蒿芽用开水焯，去掉苦味，可蘸酱食用。

（2）凉拌柳蒿芽：将柳蒿芽用开水焯，加盐、辣椒油、醋、糖、蒜、味精、鸡精，拌匀即可。

（3）清炒柳蒿芽：油锅加热，放入葱花，柳蒿芽翻炒，待八成熟时加入精盐、鸡精，出锅即可食用。

（4）柳蒿芽作馅：柳蒿芽焯好剁碎，肉剁碎，加盐、面、油，味精、葱末，拌匀后可做包子、水饺、蒸饺、馅饼等。

【开发利用】

（1）柳蒿的药用开发：柳蒿芽清肺冲剂是由柳蒿芽与梨、白克马叶、白鹇、青梅、蒲桃、芡实混合而成。柳蒿芽含有胡萝卜素、维生素、烟酸等营养成分和 Ca、Mg、P、Na、Fe、Mn、Zn、Cu 等元素，营养价值高，辅以中药，具有清肺功效，且易被人体吸收。

（2）柳蒿的食用开发：柳蒿罐头是以柳蒿为原料，采用现代工业技术开发研制而成，其含有丰富的蛋白质、膳食纤维、胡萝卜素、烟酸、维生素 B、维生素 C，有消炎、清热解毒、去火、利尿等功效。柳蒿芽香醋以柳蒿芽为原料，经过酒精发酵和醋酸发酵两个工艺过程制作而成，对于肝炎及肝硬化等疾病有特殊疗效和防治作用。

菱角

菱角为菱科植物菱 *Trapa bispinosa* Roxb.、乌菱 *Trapa natans* L.、格菱 *Trapa natans* L. var. *komarovii* V. Vassil. 的果实，又称腰菱、水栗、菱实、芰、风菱、乌菱、菱角、芰实等。果具水平开展的2肩角，先端向下弯曲，两角间端阔7～8 cm，弯牛角形，果表幼皮紫红色。老熟时紫黑色。生长于池塘和河沼中。主要分布于我国长江下游太湖地区和珠江三角洲。欧洲、俄罗斯、日本、越南、老挝等地也有分布。

【性味功效】

性平，味甘、涩。归脾、胃经。

根具有健胃止痢、抗癌等功效。用于胃溃疡、痢疾、食道癌、乳腺癌、子宫颈癌等。

【化学成分】

菱角含有多种化学成分，主要为多糖、鞣质和挥发油等[81]。

（1）多糖：菱角多糖的单糖组成为阿拉伯糖、鼠李糖、木糖、甘露糖、半乳糖、葡萄糖、乳糖等，其中以葡萄糖、半乳糖、甘露糖和木糖为主，菱角多糖对肿瘤细胞的增殖具有抑制作用。目前提取菱角多糖的方法有回流提取法和超声波辅助提取法。

（2）鞣质：菱角壳中含有可水解的鞣质（可以水解产生没食子酸）和鞣花鞣

质（可以水解产生鞣花酸）两大类。提取菱角中鞣质的常见方法为浸提法。

（3）挥发油：菱角挥发油主要为单萜和倍半萜类成分。目前提取菱角挥发油的方法有水蒸气蒸馏法、微波辅助提取法、超临界流体萃取法等。

（4）其他：菱角中含有丰富的淀粉、蛋白质、葡萄糖、不饱和脂肪酸及多种维生素，如维生素B_1、维生素B_2、维生素C、胡萝卜素及Ca、P、Fe等微量元素。

【药效特点】

（1）抗肿瘤：菱角具有抑制人肺腺癌细胞生长的作用，对人肝癌细胞和人结直肠腺癌细胞亦有抑制作用。菱角中的多酚类和黄酮类成分可有效抑制人胃癌细胞[82]。

（2）抗菌：菱角提取物可显著抑制革兰氏阴性菌活性，对金黄色葡萄球菌、大肠杆菌和白色念珠菌有不同程度的抑制作用[83]。

（3）抗氧化：菱角具有一定的抗氧化活性，其黄酮类化合物对羟基自由基具有一定的清除作用[84]。

【药用时的用法用量】

内服：煎汤，9～15 g，大剂量可用至60 g。

清暑热、除烦渴，宜生用；补脾益胃，宜熟用。

【食用方法】

（1）菱粉糕：将菱角去壳，晒干研成细粉，和糯米粉、白糖拌匀，入笼屉旺火蒸熟，取出切块即可。菱粉糕是清代一道著名美食，具有健脾胃、益气力的功效，经常服用具有较好养生保健作用。

（2）烧草菇番茄：锅中加入番茄、花生油炒熟，放入菱肉、草菇、姜末、味精、料酒、精盐、淀粉勾芡，出锅装盘，即可食用。

（3）菱烧豆腐：菱角去壳，洗净，切成两半；豆腐洗净，切成小块，放入沸水锅内略汆后捞出，沥去水；锅内加入猪油烧熟，下葱花煸炒，倒入清汤，加入菱角、豆腐，放入精盐、味精、酱油，加盖焖3分钟，用湿淀粉勾芡，淋入芝麻油，起锅装盘，即可食用。菱烧豆腐具有健脾生肌、杀菌的功效，对皮肤疮疡患者有一定的食疗作用。

【开发利用】

（1）菱角的药用开发：胃复春片是近年来治疗慢性胃炎的新型中成药，它是由红参、菱角、三七、枳壳等药物组成的中药制剂，具有行气活血、清热解毒、改善病变局部血流循环状态、消除局部炎症、调节细胞物质代谢、促进黏膜再生的作用，可用于胃癌前期病变及胃癌手术后辅助治疗。

（2）菱角的食用开发：菱角保健果冻是以菱角粉为原料，将其熟化制成菱角糊，按照一定的比例与复合胶搭配，辅以一定量的甜味剂制备而成，该产品营养丰富，具有保健作用，市场前景较好。菱角啤酒是以菱角为辅料，将其糖化，添加到麦芽汁中，接种啤酒酵母而研制的菱角啤酒，该产品不仅口感好，且营养丰富，是一种较好的功能性饮品。

鹿药

鹿药为百合科植物鹿药 *Smilacina japonica* A. Gray〔*S. japonica* A. Gray *var. mandshurica* Maxim〕及管花鹿药 *Smilacina henryi* (Baker) Wang et Tang〔*Oligobotrya henryi Baker*〕的干燥根及根茎，又称九层楼、盘龙七、偏头七、螃蟹七、白窝儿七、狮子七，山糜子等。鹿药为多年生草本植物，根状茎横走，多少圆柱状，粗 6～10 mm，有时具膨大结节。茎中部以上或仅上部具粗伏毛。耐寒，耐低温，耐阴湿，忌强光直射，对土壤条件要求不严，宜生长在凉爽湿润的地方，多生长在林下、林缘、灌丛和水旁湿地等阴湿处，常生于 900～1950 m 的高海拔山区。主要分布于我国黑龙江(东南部)、吉林、辽宁、河北、河南、山东、山西、陕西、甘肃(东部)、贵州、四川(东部)、湖北、湖南、安徽、江苏、浙江(北部)、江西(北部至西部)和台湾等地。日本、朝鲜和俄罗斯远东地区也有分布。

【性味功效】

性温，味甘、苦。归肾、肝经。

根具有补肾壮阳、活血祛瘀、祛风止痛的功效。用于肾虚阳痿，月经不调，偏、正头痛，风湿痹痛，痈肿疮毒，跌打损伤。

【化学成分】

鹿药含有多种化学成分，主要为甾体皂苷、黄酮等[85]。

（1）甾体皂苷：鹿药中含有多种甾体皂苷成分，如（25*S*）-5α-螺甾 -9（11）烯 -3β，17α-二醇　3-*O*-β-D- 吡喃葡萄糖苷、薯蓣皂苷，是鹿药发挥抗肿瘤作用的主要活性成分之一。目前提取鹿药甾体皂苷的方法有水提醇沉法、有机溶剂提取法、超临界流体萃取法等。

（2）黄酮：鹿药中含有多种黄酮类化合物，如 3- 甲氧基 -8- 甲基槲皮素、8-甲基木犀草素、3- 甲氧基木犀草素、木犀草素和槲皮素等。茎和叶中总黄酮含量高于根茎和种子，但茎、叶和果实占总植株质量比例小，根茎所占比例较大，所以根茎更具有利用价值。目前提取鹿药黄酮的方法有醇提法、超声波辅助提取法、微波辅助提取法等。

（3）其他：鹿药含有天门冬氨酸、谷氨酸、甘氨酸、丙氨酸、亮氨酸等氨基酸和 Al、Mg、Ca、P、Ti、Ba 等无机元素，其氨基酸、蛋白质和无机元素含量较丰富，而糖类和脂肪含量较低，适合作为养生食材来使用。

【药效特点】

（1）抗肿瘤：鹿药甾体皂苷对人结肠癌细胞、人乳腺癌细胞、人胃癌细胞和人肺腺癌细胞具有抑制作用[86]。

（2）抗氧化：鹿药中黄酮类化合物具有较强的清除羟自由基能力，随着浓度增大，清除作用增强。

【药用时的用法用量】

内服：煎汤，6～15 g；或浸酒。

外用：捣敷或烫热熨患部。

【食用方法】

（1）直接食用：采摘鹿药的嫩苗，蘸酱或凉拌。

（2）鹿药土豆汤：油烧热后下入葱花、花椒粉炸香，加水、盐和鸡精、土豆、鹿药，煮熟，即可食用。

【开发利用】

鹿衔草、鹿药、吉祥草、豨莶草、陆英和四块瓦等按一定比例配伍，具有祛风逐瘀、补肾强骨、通络止痛和抗骨质增生等作用，用于治疗骨质增生，治疗周期短，见效快，治愈率高，不易复发，对各部位的骨质增生都具有较好治疗作用。

由鹿药、草菝葜、徐长卿、木防己、独活、秦艽、铁棒锤和甘草八味原料药配伍的复方制剂，以鹿药为君药，具有活血消肿、祛风止痛的功效；以徐长卿和秦艽为臣药，其中徐长卿具有祛湿解毒、镇静止痛之功效，秦艽具有祛风湿、清湿热、止痹痛之功效；以草菝葜、铁棒锤、木防己和独活为佐药，其中草菝葜祛风除湿、活血通络，铁棒锤活血祛瘀、驱风除湿、止痛消肿，木防己祛风止痛，独活祛风胜湿、散寒止痛；以甘草为使药，具有治五脏六腑寒热邪气、坚筋骨、缓正气之功效。诸药合用，重在活血通络、祛风止痛，对于骨质增生、风湿性关节炎、风湿痛等有特效。

鹿药口含片是由鹿药超微粉、异麦芽糖醇、麦芽糊精、硬脂酸镁、微晶纤维素为原料，通过湿法制粒后压片制成的口含片，可通过口腔黏膜吸收直接作用咽喉部位，具有清咽润喉、补气益肾、祛风除湿、活血调经、抗肿瘤的功效。目前尚未发现食用开发。

鹿蹄草

鹿蹄草是鹿蹄草科植物鹿蹄草 *Pyrola calliantha* H. Andr. 的干燥全草。本品茎圆柱形或具纵棱，长 10～30 cm，叶基生，呈长卵圆形或近圆形，长 2～8 cm，暗绿色或紫褐色，先端圆或稍尖，全缘或有稀疏的小锯齿，边缘略反卷，上表面有时沿脉具白色的斑纹，下表面有时具白粉。主要分布于我国吉林、辽宁、河北、山东、江苏、湖北等地。朝鲜、日本、蒙古和俄罗斯等国也有分布。

【性味功效】

性微温，味甘、苦。归肝、肾二经。

全草具有补肾益精、强筋壮骨、祛风除湿的功效。

【化学成分】

鹿蹄草的化学成分包括黄酮类、酚苷类、醌类和萜类等[87]。

（1）黄酮：鹿蹄草的主要化学成分是黄酮类化合物，主要包含金丝桃苷、儿茶素、槲皮素、木犀草素、苜蓿素、山柰酚等。提取鹿蹄草中黄酮的常见方法为回流提取法、超声波辅助提取法、索氏提取法等。

（2）酚苷类：酚苷类化合物是鹿蹄草内含有的另一种主要成分，主要包含高熊果酚苷、肾叶鹿蹄草苷、6'-O-没食子酰基高熊果酚苷、羟基肾叶鹿蹄草苷、鹿蹄草苷等。提取鹿蹄草中酚苷类化合物常见方法为乙醇回流提取法、热水回流提取法、渗漉法等。

（3）醌类：鹿蹄草中醌类物质主要有鹿蹄草素、大黄素、梅笠草素、萘醌衍生物2-(1，4-二氢-2，6-二甲基-1，4-二氧代-3-萘基)-3，4，5-三羟基苯甲酸等。提取鹿蹄草中醌类化合物的常见方法为亲脂性有机溶剂提取法、碱提酸沉法和水蒸气蒸馏法等。

（4）萜类：鹿蹄草中的萜类物质包括熊果酸、熊果醇、$2\beta,3\beta,23$-三羟基-12-烯-28-乌苏酸、$2\alpha,3\beta,23,24$-四羟基-12-烯-28-乌苏酸、水晶兰苷等。提取鹿蹄草萜类化合物的常见方法为超声波辅助提取法、微波辅助提取法、回流提取法等。

【药效特点】

（1）抗菌：鹿蹄草中的梅笠草素、熊果酸、$2\beta,3\beta,23$-三羟基-12-烯-28-乌苏酸、$2\alpha,3\beta,23,24$-四羟基-12-烯-28-乌苏酸、没食子酸对新生隐球菌、白色念珠菌、红色毛癣菌等真菌生长有不同的抑制作用，其中梅笠草素的抗真菌活性最强。鹿蹄草中所含的一种脂溶性萘醌类化合物对金黄色葡萄球菌、溶血性链球菌、铜绿假单胞菌和肺炎克雷伯菌均有抑制作用，其中对金黄色葡萄球菌的抑制作用最强[88]。

（2）抗炎：鹿蹄草水煎剂对二甲苯所致小鼠耳部肿胀及醋酸所致腹腔毛细血管通透性增高具有抑制作用。鹿蹄草提取物可以抑制小鼠巨噬细胞系 RAW 264.7 细胞中 p38 MAPK 激酶和 NF-κB 的磷酸化，进而抑制诱导型一氧化氮合酶（iNOS）的表达和 NO 的产生，发挥抗炎作用[89]。

（3）对心血管系统的作用：鹿蹄草中 $2'$-O-没食子酰基金丝桃苷对心肌缺血再灌注损伤具有保护作用，可使大鼠缺血再灌注心肌组织中超氧化物歧化酶水平显著增加，过氧化脂（LPO）水平显著降低，心肌线粒体损伤得到明显改善。

（4）降血脂：鹿蹄草提取液经过 LSA-5B 大孔树脂洗脱的 20% 乙醇部分对高脂血症小鼠血清中甘油三酯有显著的降低作用。

（5）促进成骨细胞增殖：鹿蹄草氯仿提取部位和正丁醇提取部位能加快体外培养骨细胞的细胞周期，促进成骨细胞增殖。

【药用时的用法用量】

内服：煎汤，0.5～1 g；研末或炖肉。

外用：捣敷或研末撒。

【食用方法】

（1）鹿蹄草炖冬瓜：将冬瓜切成块状，与鹿蹄草、葱、姜一并放入锅中，加水炖制。

（2）鹿蹄草炖冰糖：将鹿蹄草洗净与冰糖一起放入锅中，大火烧开后，小火炖煮 0.5 小时，取出，冷却，即可食用。

（3）鹿蹄草炖白芨：将鹿蹄草、白芨及冰糖放入锅中，大火烧开，熬制成汤。

【开发利用】

（1）鹿蹄草的药用开发：温经活血汤是由葛根、桑枝、桂枝、姜黄、丹参、鹿蹄草、川芎、天麻等熬制而成，具有温经祛瘀、行滞调经的功效。紫癜胶囊是由焦大黄、焦山楂、炙甘草、紫草、防风、五味子、鹿蹄草、旱莲草、生地黄、茜草根等炮制而成，具有调节过敏性紫癜的作用。

（2）鹿蹄草的食用开发：鹿蹄草补虚益肾茶冻是以鹿蹄草、红茶为主料，以白扁豆、沙苑子、落花生、素馨花、十大功劳叶、莲须、山药为辅料，以琼脂、蜂蜜为配料制备而成，长期食用，具有清热、利湿、解毒的作用。鹿蹄草保健酒由大鹿蹄草、甘草、黄精、还阳参、丹皮、蒲公英配制而成，具有清热解毒、凉血止血的功效，同时可减缓血小板减少性紫癜的症状。

景天三七

景天三七为景天科植物景天三七 *Sedum aizoon* L. 的根或全草，别名费菜、四季还阳、长生景天、金不换、田三七等。多年生肉质草本植物，无毛，高可达 80 cm，根状茎粗厚，近木质化，地上茎直立，不分枝，叶互生，或近乎对生，广卵形至倒披针形，长 5～7.5 cm，先端钝或稍尖，边缘具细齿，或近全缘，基部渐狭，光滑或略带乳头状粗糙，多生长于山地林缘、灌木丛中。主要分布于我国黑龙江、辽宁、吉林、四川、湖北等地。俄罗斯、日本和朝鲜等国也有分布。

【性味功效】

性平，味甘、微酸。归心、肝、脾经。

全草具有宁心平肝、安神益气、清热凉血、补血、止血化瘀的功效。

【化学成分】

景天三七含有多种化学成分，主要为黄酮、多糖、酚酸和挥发油等[90,91]。

（1）黄酮：景天三七中黄酮类化合物包括原儿茶酸、咖啡酸、5,7- 二羟基色原酮、没食子酸甲酯、没食子酸乙酯、杨梅素、木犀草素等。提取景天三七中黄酮的常见方法为超声波辅助提取法、浸渍法、回流提取法等。

（2）多糖：景天三七多糖的单糖组成以六碳糖及七碳糖为主，并含有特有的景天庚糖。提取景天三七中多糖的常见方法为水提醇沉法、超声波辅助提取法、微波辅助提取法等。

（3）酚酸：景天三七中酚酸类化合物有没食子酸、熊果酸等。提取景天三七中酚酸类化合物的常见方法为溶剂萃取法。

（4）挥发油：景天三七中挥发油主要有异植物醇、油酸甲酯、棕榈酸甲酯等。提取景天三七中挥发油的常见方法为水蒸气蒸馏法、微波萃取法。

【药效特点】

（1）止血：景天三七中没食子酸、香草酸和木犀草素等具有较好的止血作用，其机制可能与提高血小板数量，调节内皮素和白介素 -8（IL-8）水平表达有关。

（2）抗炎：景天三七中的原儿茶酸、香草酸、咖啡酸、槲皮素、木犀草素均有抗炎作用，可显著抑制脂多糖（LPS）刺激的 RAW 264.7 细胞中 NO、肿瘤坏死因子 -α（TNF-α）和白介素 -6（IL-6）的产生[92]。

（3）抗氧化：景天三七总黄酮可提高 H_2O_2 损伤大鼠的嗜铬细胞瘤细胞株（PC12）存活率，抑制 ROS 生成，从而发挥抗氧化作用[93]。

（4）宁心安神：景天三七醇提后的乙酸乙酯萃取部位具有明显的安神作用，是景天三七发挥宁心安神作用的重要活性物质[94]。

【药用时的用法用量】

内服：煎汤，1.5 ～ 3 g（鲜品 1 ～ 2 g）。

外用：捣敷。

【食用方法】

（1）凉拌：景天三七水煮，切段，放入调料，拌匀，即可食用。

（2）制茶饮用：景天三七洗净用水煮开，加入蜂蜜、枸杞，加热饮用。

【开发利用】

（1）景天三七的药用开发：消白散是由景天三七、壁虎、蜈蚣等组成的中成药，具有活血祛瘀、消肿止痛的作用，临床主要用于各类扭伤、挫伤、闭合性骨折引起的软组织肿胀、疼痛。复方止血散是由景天三七、大黄和白芨组成的中成药，具有止血、止痛、消炎等作用，临床上主要用于治疗应激性溃疡。治头痛方是由景天三七、石决明、桑叶、白芍等组成的中成药，主要用于治疗噩梦纷纭、时感焦虑、夜眠不实等原因引起的头痛。

（2）景天三七的食用开发：景天三七发酵茶是由景天三七、茶叶、蜂蜜和山泉水制成，该发酵茶保留景天三七、茶叶对人体的有益成分，并采用高科技工艺进行无菌灌装，具有降血压、降血糖、降血脂、消除亚健康状态、增强人体免疫力、抗衰老、预防心脑血管疾病的作用，长期饮用可维持身体健康和预防疾病。景天三七药酒是由景天三七、云南三七、炙甲珠、浙贝母、丹参、红花、天麻、乌蛇、炙水蛭、蕲蛇、川芎、当归、人参、杜仲、北五味子等酿制而成，具有活血化瘀、消肿止痛的作用，对心脑血管疾病有独特疗效，可平衡血压、养血安神，制成药酒后药借酒势、酒助药力，达到舒筋通络、祛风散寒、扶正祛邪、活血化瘀、消炎止痛的作用。

猴腿蹄盖蕨

猴腿蹄盖蕨 *Athyrium multidentatum* 为蹄盖蕨科蹄盖蕨属植物，别名为齿蹄盖蕨、短叶蹄盖蕨、猴腿、紫茎菜、绿茎菜，为多年生草本植物。植株高 60～100 cm，根状茎短粗而斜升，直立，叶簇生，叶柄长达 40 cm，深麦秆色，下部密生黑褐色披针形鳞片，基部黑褐色，羽片密集。猴腿蹄盖蕨喜光、喜温暖、喜湿润、耐寒性强，对土壤要求不严，耐肥、耐瘠薄，生于山坡、林缘、山沟、溪流旁或稀疏针阔叶混交林的林间空地。主要分布于我国东北、华北等地。朝鲜和日本也有分布。

【性味功效】

性凉，微苦。归肺、胃、肠三经。

根茎具有清热解毒、润肺理气、补益脾胃、利肠、补虚舒络、止血杀虫的功效。

【化学成分】

猴腿蹄盖蕨含有多种化学成分，主要为多酚、有机酸、甾体、黄酮、脂肪酸和糖类等[95,96]。

（1）多酚：猴腿蹄盖蕨含有绵马素、咖啡酸、没食子酸、绿原酸、原儿茶酸甲酯和原儿茶酸等多酚类化合物。提取猴腿蹄盖蕨多酚的常见方法为水提取法。

（2）有机酸：猴腿蹄盖蕨中有机酸包括乌苏酸、二十四碳酸、亚油酸、亚油酸甲酯、丁酸等。提取猴腿蹄盖蕨中有机酸的常见方法为溶剂萃取法。

（3）甾体：从猴腿蹄盖蕨中可分离得到 α-菠甾醇、β-谷甾醇及大量胡萝卜苷。

提取猴腿蹄盖蕨中甾体的常见方法为热水提取法。

（4）黄酮：猴腿蹄盖蕨黄酮包括山奈酚、表儿茶素、槲皮素及其糖苷，具有抗氧化、抗肿瘤、抗病毒等多种活性。目前其提取方法有醇提法和微波辅助提取法。

（5）脂肪酸：猴腿蹄盖蕨包含人体所必需的不饱和脂肪酸，如亚油酸和油酸，可降低血清胆固醇、降血压，对预防血栓和冠状动脉硬化具有一定作用。目前其主要提取方法为超临界流体萃取法。

（6）糖类：猴腿蹄盖蕨地上部分及根茎含有大量以葡萄糖为主要成分的中性杂多糖，具有免疫调节、抗肿瘤和抗衰老等多种生物活性。目前其提取方法有热水浸提法、加碱提取法、酶提取法和超滤法等。

【药效特点】

（1）抗病毒：猴腿蹄盖蕨对流感病毒（甲型、乙型、丙型）、腺病毒Ⅲ型、脊髓灰质炎病毒Ⅱ型、流行性乙型脑炎病毒及单纯疱疹病毒等有显著的抑制作用。

（2）止泻：猴腿蹄盖蕨能消灭肠道中的致病菌，阻止肠炎发生，维持人体肠道菌群平衡，防止腹泻、痢疾等不良症状出现。

（3）提高肾功能：猴腿蹄盖蕨能提高人肾功能，常用于小便淋漓不尽和身体浮肿等症状的治疗。

（4）抗氧化：猴腿蹄盖蕨富含多种清除自由基、提高抗氧化酶活力、降低脂质过氧化产物活性的成分，是天然的抗氧化剂。

（5）细胞保护：猴腿蹄盖蕨含有内皮细胞保护活性成分，可提高细胞活力，降低细胞凋亡率及细胞内活性氧水平，在保护和改善血管内皮功能、防治心血管疾病等方面具有重要价值。

（6）抗肿瘤：猴腿蹄盖蕨中对苯二酚类物质可抑制动物肿瘤的形成。

（7）抗炎：猴腿蹄盖蕨黄酮具有抗炎、护肝、凝血的作用[97]。

【药用时的用法用量】

内服：6～12 g，水煎服。

【食用方法】

（1）凉拌：将猴腿蹄盖蕨择洗干净，切成段，沸水焯一下，捞出过凉，放入碗内，放酱油、味精、精盐、芝麻油拌匀。

（2）蒜香猴腿：将蒜加油炒香，放入猴腿蹄盖蕨炒熟即可。

（3）滑炒虾仁猴腿：将嫩猴腿蹄盖蕨洗净，沸水焯一下，捞出冷却，切段；虾仁洗净装碗，加湿淀粉、鸡蛋清、味精、精盐抓匀，上浆煨制；将准备好的猴腿蹄盖蕨与虾仁放置锅中翻炒，即可。

【开发利用】

（1）猴腿蹄盖蕨的药用开发：春蕨散是将新生蕨菜阴干，制成颗粒，空腹时用米汤服下，具有治疗产后痢疾的作用。

（2）猴腿蹄盖蕨的食用开发：蕨根粉是从野生猴腿蹄盖蕨的根茎里提炼出来的淀粉，可制粉皮、粉条，具有补脾益气、强身健体的作用。蕨藕粉是由猴腿蹄盖蕨和藕粉组成，该粉中含有大量的蕨菜素，具有清热解毒、杀菌、抗炎的作用。猴腿蹄盖蕨的拳卷嫩叶为优质山菜，氨基酸含量丰富，其中谷氨酸含量最高，能够消除脑代谢中氨的毒害，用于保护大脑、提高智力，是一种脑代谢促进剂，可促进红细胞生成。猴腿蹄盖蕨还可加工成开胃健脾酒及止咳化痰酒。

榛

榛 *Corylus heterophylla* 为桦木科榛属灌木或小乔木，别名榛子、山板栗、尖栗、棰子，其种仁是世界四大干果之一。榛树高 1～7 m，树皮灰色，枝条暗灰色，无毛，小枝黄褐色，密被短柔毛兼被疏生的长柔毛，抗寒性强，喜光，充足的光照能够促进其生长发育和结果，生于海拔 200～1000 m 的山地阴坡灌丛中。单果生或 2～6 枚簇生成头状；果苞钟状，外面具细条棱，密被短柔毛兼有疏生的长柔毛，密生刺状腺体。坚果近球形，长 7～15 毫米，无毛或仅顶端疏被长柔毛。主要分布于我国东北、华北、西北、西南以及内蒙古等地区，土耳其、意大利、西班牙、美国、朝鲜、日本和俄罗斯等地也有分布[31]。

【性味功效】

性平，味甘。归脾、胃、肝经。

种仁具有补脾胃、益气力的功效。

【化学成分】

榛含有多种化学成分，主要为脂肪酸、挥发油、维生素和糖类等[98,99]。

（1）脂肪酸：榛子中脂肪酸主要有油酸、亚油酸、棕榈酸、硬脂酸和亚麻酸等。目前其常见提取方法为超临界流体萃取法。

（2）挥发油：榛子含大量油脂，使其所含的脂溶性维生素更易被人体吸收，对体弱和病后虚羸的人具有补养作用。目前其提取方法有水蒸气蒸馏法、超声波辅助提取法、超临界流体萃取法等。

（3）维生素：榛中含有大量维生素 E，具有延缓衰老，防治血管硬化，润泽肌肤的作用。

（4）糖类：榛中含有大量多糖，具有助消化和防治便秘的作用。

【药效特点】

（1）抗菌作用：榛仁对金黄色葡萄球菌、枯草芽孢杆菌、大肠杆菌、铜绿假单胞菌均有抑制作用，对金黄色葡萄球菌的抑制效果最显著。

（2）软化血管：榛子含有丰富的不饱和脂肪酸，能够促进胆固醇代谢，软化血管，维护毛细血管的健康，具有预防和治疗高血压、动脉硬化等心脑血管疾病的作用。

（3）增强记忆：榛子中含有丰富的维生素 A、维生素 B_1、维生素 B_2 及烟酸，有利于维持正常视力、上皮组织细胞的正常生长和神经系统健康，可用于提高记忆力[100]。

（4）抗肿瘤：榛子中抗癌成分紫杉酚，可用于治疗卵巢癌和乳腺癌等。

【药用时的用法用量】

每次食用 50 g 为宜。

【食用方法】

（1）直接食用：砸开，去壳，取仁，直接吃。

（2）榛子杞子粥：榛子仁捣碎，与枸杞子一同加水煎汁，去渣后与粳米一同用文火熬成粥，即可食用。

（3）榛子羹：榛子炒黄，研成细末，掺入藕粉内，用沸水冲后，加糖调匀，食用。

（4）炒榛子：将榛子炒熟，勿焦，随时食用，去壳嚼肉，具有开胃进食、明目、增强体力作用。

（5）榛莲粥：将榛子、莲子、粳米放在一起，用文火熬成粥即可，该粥口感好，营养丰富，癌症和糖尿病患者可以多食用。

（6）桂圆榛子粥：将榛子去壳、去皮，洗净，切碎；大米泡发洗净，用水将大米用旺火煮至米粒开花，放入榛子、桂圆肉、玉竹，用中火煮熟后即可。

【开发利用】

（1）榛子的药用开发：复方榛花舒肝胶囊是由榛子雄花、五味子、树舌、茵陈、龙胆、板蓝根、柴胡、白芍、郁金、三七、穿山甲、龟甲、鳖甲、北沙参、麦芽、鸡内金和蜂王浆组成，具有疏肝解郁、清热利湿的作用。

（2）榛子的食用开发：榛粉是由榛子果仁加工而成，含有丰富的营养物质，特别是油脂含量仅次于核桃，是健身益寿的佳品。百果仙胶是由核桃仁、真鹿胶、榛子仁、松子仁、瓜子仁、贡冰糖和黄酒组成，共熬成胶，置于清凉之处，具有添精补髓、清肺益气、祛痰止嗽和补诸虚损作用。榛子仁榨油，其含油率约为60%，高于大豆、花生、芝麻、油菜籽，可与具"木本油料之王"美称的核桃相媲美。

酸浆

酸浆为茄科科植物酸浆 *Physalis alkekengi* L. 及挂金灯 *Physalis alkekengi* L. var. *franchetii* (Mast.) Makino〔*P. franchetii* Mast.; *P. franchetii* Mast.*var. bungardii* Makion〕的全草，别名红菇娘、菇茑、戈力、灯笼草、灯笼果、洛神珠、泡泡草、鬼灯等。多年生直立草本植物，株高 50 ～ 80 cm。地上茎常不分枝，有纵棱，茎节膨大，幼茎被有较密的柔毛。根状茎白色，横卧地下，多分枝，节部有不定根。酸浆在中国栽培历史较久，在公元前 300 年，《尔雅》中有酸浆的记载。酸浆适应性很强，耐寒、耐热，喜凉爽、湿润气候，喜阳光，不择土壤。主要分布于我国甘肃、陕西、黑龙江、河南、湖北、四川、贵州和云南等地，东北地区种植最广泛。亚欧大陆均有野生资源分布。

【性味功效】

性寒，味酸、苦。归肺、脾二经。

全草具有清热解毒、利尿的功效，用于治疗热咳、咽痛、黄疸等。

【化学成分】

酸浆含有多种化学成分，主要为甾体、黄酮、多糖等化合物[101,102]。

（1）甾体：酸浆中甾体类化合物多为酸浆苦素，包括酸浆苦素 A、酸浆苦素 B、酸浆苦素 C、酸浆苦素 D 等，是酸浆的主要活性成分之一，具有显著的抗氧化、抗炎、抗菌、抗肿瘤、抗哮喘、防治糖尿病和利尿等活性。因采收方式、干燥方式、贮藏时间的不同，其含量有较大差异。目前酸浆甾体类化合物的提取方法有超声波辅助提取法、回流提取法等。

（2）黄酮：目前已在酸浆中发现十余种黄酮类物质，包括木犀草素及其苷、槲皮素衍生物和山奈酚糖苷等，具有良好的乙酰胆碱酯酶抑制活性和抗氧化活性。酸浆黄酮的提取方法有超声波辅助提取法、溶剂提取法等。

（3）多糖：酸浆多糖是酸浆中的一类重要活性成分，具有降血糖、抗衰老和调节肠道菌群的作用。从酸浆花萼中提取出酸浆多糖，其单糖组成包括木糖、果糖、葡萄糖、鼠李糖、甘露糖等。目前酸浆多糖的提取方法有微波辅助提取法、酶法等。

【药效特点】

（1）抗氧化：酸浆乳酸发酵产物对 ABTS 自由基、DPPH 自由基、羟自由基清除率和超氧自由基均有较强的清除能力[103]。酸浆宿萼水提物能够显著延长野生型线虫 N2 的寿命，增加线虫产卵数目和吞咽频率，具有显著抗氧化和提高线虫抗氧化应激能力，降低来自胡桃醌、紫外辐射和热应激所诱导的氧化损伤和线虫体内活性氧自由基的水平，提高 SOD 和 CAT 酶活力，具有显著的体内抗氧化活性。

（2）抗菌：酸浆对宋内氏痢疾杆菌、铜绿假单胞菌、金黄色葡萄球菌有显著的抑制作用[104]。

（3）降血糖：酸浆可改善糖尿病小鼠多食、多饮、多尿、体重下降的症状；可降低糖尿病小鼠的空腹血糖，升高糖尿病小鼠的血清胰岛素含量。

【药用时的用法用量】

内服：煎汤，9 ～ 15 g；或捣汁、研末。

外用：适量，煎水洗，研末调敷或捣敷。

【食用方法】

（1）直接食用。

（2）酸浆果浆：酸浆洗净，放入适量冰糖，熬制成果浆，即可食用。

【开发利用】

（1）酸浆的药用开发：酸浆果胶具有降血压、降血清胆固醇、降血糖等功效。

（2）酸浆的食用开发：酸浆果肉饮料是以酸浆、蔗糖为主要原料制成的果汁类饮品，具有镇咳、消炎等作用。酸浆山楂果茶是以山楂、酸浆为主要原料制成的果汁类饮品，酸甜可口，含有丰富的维生素 C。

蕨

蕨为蕨科植物蕨 *Pteridium aquilinum* (L.) Kuhn var. *latiusculum* (Desv.) Underw. [*Pteris latiuscula* Desv.] 的嫩叶，别名蕨菜、蕨萁、龙头菜等。植株高可达 1m，柄长 20 ～ 80 cm，基部粗 3 ～ 6 mm，褐棕色或棕禾秆色，略有光泽，光滑。叶远生，叶片阔三角形或长圆三角形，长 30 ～ 60 cm，宽 20 ～ 45 cm，先端渐尖，基部圆楔形，三回羽状；中部以上的羽片逐渐变为一回羽状，长圆披针形，基部较宽，对称，先端尾状，小羽片与下部羽片的裂片同形，部分小羽片的下部具 1 ～ 3 对浅裂片或边缘具波状圆齿。生长在海拔 200 ～ 830 m 的山地阳坡及森林边缘阳光充足的地方，产自全国各地。主要分布于长江流域及以北地区、亚热带地区。世界其他热带及温带地区也有分布。

【性味功效】

性寒，味甘。归大肠、膀胱经。

根具有清热、健胃、滑肠、降气、祛风、化痰的功效。

【化学成分】

蕨菜含有多种化学成分，主要为黄酮、多糖、氨基酸、脂肪酸、酚酸等[105]。

（1）黄酮：蕨黄酮类化合物主要有黄酮、黄酮醇、二氢黄酮、异黄酮、色原酮等，是蕨的主要活性成分之一。提取蕨中黄酮的常见方法为醇提法。

（2）多糖：蕨多糖的单糖组成是以葡萄糖为主，含有少量的半乳糖、甘露糖、鼠李糖及阿拉伯糖等，提取蕨多糖的常见方法为热水提取法。

（3）氨基酸：蕨内含有 15 种氨基酸，其中人体必需氨基酸有异亮氨酸、亮氨酸、缬氨酸、苏氨酸、苯丙氨酸、赖氨酸和甲硫氨酸等。提取蕨中氨基酸的常见方法为超声波辅助提取法。

（4）脂肪酸：蕨内含有 15 种脂肪酸，以亚油酸为主，其次为棕榈酸、亚麻酸和油酸，蕨中饱和脂肪酸含量略高于不饱和脂肪酸。提取蕨中脂肪酸的方法有超声波辅助提取法和有机溶剂萃取法。

（5）酚酸：酚酸类化合物主要包括 3,4- 二羟基苯甲酸、咖啡酸、丁香酸、香草酸、龙胆酸、原儿茶醛、原儿茶酸、2,5- 二羟基苯甲酸甲酯等，具有抑菌、抗炎的药理作用。提取蕨中酚酸的方法有水煎法、乙醇回流法及超声波辅助提取法。

【药效特点】

（1）抗氧化：蕨中总黄酮具有较强抗氧化和清除自由基能力，可有效抑制脂质过氧化，其抗氧化能力与蕨中总黄酮含量呈正相关。蕨的水提液可降低小鼠血清中丙二醛含量，提高小鼠血清超氧化物歧化酶和谷胱甘肽过氧化物酶活性，进而发挥抗氧化活性[106]。

（2）抗炎：蕨提取物能显著抑制二甲苯所致小鼠耳廓肿胀及小鼠腹腔毛细血管通透性增高，降低动物血清中环氧化酶 -2（COX-2）、前列腺素 E2（PGE2）、肿瘤坏死因子 -α 和 NO 等分子水平，具有抗炎作用[107]。

（3）降血糖：蕨提取物对链脲佐菌素（STZ）所致 I 型糖尿病大鼠有降血糖作用，其机制可能与升高糖尿病大鼠血清葡萄糖激酶（GCK）含量和降低醛糖还原酶（AR）含量有关，可改善糖尿病大鼠胰岛损伤，促进胰岛 β 细胞分泌胰岛素[108]。

（4）保护肝脏：蕨保肝作用与抗脂质过氧化有关，其可显著降低 CCl_4 中毒小鼠血清和肝组织中的丙二醛含量，升高 NO 水平，提高超氧化歧化酶活性和总抗氧化能力。

（5）抗肿瘤：蕨具有显著抗肿瘤活性，蕨乙醇提取物能提高荷瘤小鼠血清及肿瘤组织中细胞因子 IL-6、IL-10、IL-17 的水平，增强机体免疫功能，发挥抑瘤作用。

（6）抗菌：蕨浸膏对金黄色葡萄球菌的 MIC 最低，作用最强；对铜绿假单胞菌、白色念珠菌作用次之；对伤寒杆菌、大肠杆菌、粪链球菌、短小芽孢杆菌有显著抑制活性。蕨的水提取物和乙醇提取物对铜绿假单胞菌、金黄色葡萄球菌、枯草芽孢杆菌亦具有一定抑制作用。

【药用时的用法用量】

内服：煎汤，9 ~ 15 g。

外用：适量，捣敷；或研末撒。

【食用方法】

（1）直接食用：蕨菜可鲜食，食用前用沸水烫过即可。

（2）蕨菜木耳肉片：蕨菜以水浸漂后切段，将木耳、瘦猪肉、湿淀粉拌匀，待锅中油热后放入，炒至变色，加入盐、酱油、醋、白糖、泡姜、泡辣椒等，炒熟即食。

【开发利用】

（1）蕨的药用开发：蕨中含有黄酮、甾醇、氨基酸、酯类、酚类、鞣质等化学成分，对金黄色葡萄球菌、大肠杆菌、痢疾杆菌、结核杆菌等具有抗菌、消炎作用，可作为治流感、乙脑、风湿肿痛、牙痛的药用辅料。鲜蕨含胡萝卜素、维生素 C，具有清热滑肠、降气化痰、利尿安神之功效，可作为治疗感冒发热、痢疾、黄疸、高血压、头晕失眠、风湿的药用辅料。

（2）蕨的食用开发：幼嫩的蕨营养丰富，富含水分和纤维素，可直接食用。以蕨为原料可制成不同口味的蕨类罐头、即食软包装食品、蕨类挂面、蕨类饮料、蕨菜茶等。

参 考 文 献

［1］刁立超.山葡萄根中化学成分及其抗肿瘤活性研究［D］.厦门大学，2017.

［2］吴树坤，邓杰，范勇，等.山葡萄酒发酵动力学及抗氧化活性研究［J］.食品与发酵工业，2018, 44(04): 42-48.

［3］Min B , Van-Long T , Se-Yeon K, et al. Antioxidant and Hepatoprotective Effects of Procyanidins from Wild Grape (*Vitis amurensis*) Seeds in Ethanol-Induced Cells and Rats［J］. International Journal of Molecular Sciences, 2016, 17(5): 758.

［4］高维明，张会临.山葡萄多酚对血管内皮细胞损伤的保护作用［J］.中国公共卫生，2006(06): 715-716.

［5］王俊国，袁泰增，陈书曼，等.超高压提取月见草油工艺条件的优化及理化性质的研究［J］.粮食与油脂，2019, 32(11): 26-30.

［6］卢金清，许家琦，何冬黎，等.月见草全草挥发油成分的气相色谱-质谱联用分析［J］.中国医院药学杂志，2011, 31(14): 1225-1226.

［7］韩晓婷，于霞，董来慧，等.月见草油对肥胖型不孕女性代谢及肠道菌群的影响［J］.山东大学学报（医学版），2021, 59(02): 48-54.

［8］李伟，张小英，陈熔，等.月见草素 B 及其生物活性研究进展［J］.食品工业科技，2020, 41(11): 348-352+368.

［9］王海琦，崔鸿峥，李畅，等.月见草油调节 p38MAPK、NF-κB 信号通路抗炎治疗痤疮的实验［J］.中药药理与临床，2018, 34(02): 62-67.

［10］田雪慧，刘秀云，任艳芬.食用百合研究进展及展望［J］.西北园艺（综合），2020(03): 24-26.

［11］吴莉莉，宗希明，白术杰.毛榛叶化学成分检测及分离［J］.黑龙江医药科学，2014, 37(06): 24-25.

［12］孙睿，李秀霞，罗志文，等.榛仁多糖对小鼠抗疲劳及耐缺氧能力的影响［J］.食品科技，2010, 35(07): 59-61.

［13］冯顺卿，李药兰，邱玉明，等.高速逆流色谱分离长瓣金莲花中的黄酮类物质［J］.色谱，2003(06): 627.

［14］宋冬梅，孙启时.金莲花属植物研究进展［J］.沈阳药科大学学报，2005(03): 231-234.

［15］辛春兰，潘海峰.金莲花的研究进展［J］.承德医学院学报，2003(04): 348-350.

［16］刘丽娟，王秀坤，付起凤，等.长瓣金莲花的抑菌作用及其总黄酮的含量测定［J］.中草药，1992, 23(09): 461-462+502.

［17］张家鑫，田瑜，孙桂波，等.龙牙楤木皂苷类成分及药理活性研究进展［J］.中草药，2013, 44(06): 770-779.

［18］齐明明，李紫薇，李聪，等.不同产地龙牙楤木芽中挥发油成分的 GC-MS 分析与比较［J］.中药材，2016, 39(07): 1567-1570.

［19］赵俊男，谭玉婷，姜天童，等.龙牙楤木药理作用研究进展［J］.吉林中医药，2016, 36(02): 207-210.

［20］宋鉴达，武伦鹏，朱传翔，等．龙牙楤木中三萜皂苷药理作用的研究综述［J］．人参研究，2019, 31(04): 47-51.

［21］张妙笛，孙桂波，徐惠波，等．龙牙楤木总皂苷对缺血／再灌注心肌细胞收缩功能和钙瞬变的影响［J］．中国中药杂志，2015, 40(12): 2403-2407.

［22］高宁，张秀玲，王炬，等．微波辅助提取老山芹黄酮、组分分析及抗氧化活性研究［J］．食品科技，2018, 43(10): 257-265.

［23］王炬，张秀玲，高宁，等．老山芹全株及其不同部位酚类物质含量及抗氧化能力分析［J］．食品科学，2019, 40(07): 54-59.

［24］蒋欣梅，孙天宇，刘汉兵，等．不同种类老山芹总酚和总黄酮含量及抗氧化能力的初步研究［J］．中国蔬菜，2018(09): 24-28.

［25］赵玉红，李佳启，马捷，等．老山芹降血糖功能成分提取及活性研究［J］．食品工业科技，2018, 39(16): 177-182+207.

［26］刘芳，韩立群，王家艳，周缊薇．野生东北百合生物量及主要营养元素的分配［J］．草业科学，2013, 30(12): 2001-2004.

［27］黄姝．东北杏果仁油脂的提取工艺研究［J］．现代食品，2018(24): 155-158.

［28］任阳，刘洪章，刘树英，等．萱草属植物研究综述［J］．北方园艺，2017(20): 180-184.

［29］刘世巍，丁建海，刘立红，等．龙葵的化学成分及生物活性研究进展［J］．时珍国医国药，2010, 21(04): 977-978.

［30］李容，张婧萱，廖保宁，等．超声波提取少花龙葵总黄酮及鉴别方法［J］．中国处方药，2012, 10(02): 46-48.

［31］赫军，周畅玓，马秉智，等．龙葵的化学成分及抗肿瘤药理活性研究进展［J］．中国药房，2015, 26(31): 4433-4436.

［32］郭瑞，李垚，王萍．三种龙葵果提取物的体外抗氧化及抗炎活性评价［J］．现代食品科技，2020, 36(02): 94-101.

［33］宋文娟，顾伟．龙葵药理学研究进展［J］．世界科学技术－中医药现代化，2018, 20(02): 304-308.

［34］赵宝琴，高陆．满山红化学成分和药理学研究进展［J］．人参研究，2015, 27(01): 42-44.

［35］王姝涵，李玉桃，孙墨珑．兴安杜鹃总黄酮抗氧化活性［J］．湖北农业科学，2014, 53(08): 1895-1897.

［36］蒲燕，高卓林，漆磊，等．中药材满山红两种提取物抗炎与镇痛作用［J］．中医药临床杂志，2017, 29(06): 853-856.

［37］黄圆圆，张元，康利平，等．党参属植物化学成分及药理活性研究进展［J］．中草药，2018, 49(01): 239-250.

［38］崔龙海，韩龙哲，韩春姬．轮叶党参总皂苷对肝脏缺血－再灌注大鼠肝肾损伤的保护作用［J］．中药材，2019, 42(08): 1903-1906.

［39］张妍，林昌岫，邵玉健，等．轮叶党参粗多糖对体外培养小鼠脾淋巴细胞及 RAW 264.7 细胞的免疫活性［J］．食品工业科技，2018, 39(12): 311-315.

［40］董越，刘会平，刘易坤，等．松子油提取工艺及 3 种松子油脂肪酸组成分析［J］．中国油脂，2017, 42(04): 8-11.

［41］刘迪迪，李景彤，程翠林，等．红松松子中生物活性成分研究与开发［J］．食品研究与开发，2017, 38(23): 216-219.

［42］仇记红，侯利霞．松子油加工工艺及脂肪酸组成研究进展［J］．粮食与油脂，2018, 31(12): 10-12.

［43］耿洪伟，付昊雨，石洪宇，等．红松松子壳多糖的单糖组成及结构特征［J］．吉林农业大学学报，2018, 40(02): 209-212.

［44］杨明非，苏雯，王海英．红松子油的体外抗氧化活性［J］．东北林业大学学报，2017, 45(12): 80-82.

［45］王宝珍，解红霞．不同采收期蒙药库页悬钩子中总皂苷和齐墩果酸的含量测定［J］．中国实验方剂学杂志，2014, 20(12): 77-80.

［46］张洪权，闻璐，李佳慧，等．库页悬钩子挥发油的化学成分及抗氧化作用［J］．中药新药与临床药理，2019, 30(08): 959-964.

［47］孙景，兰海霞，巴依尔太，等．库页岛悬钩子化学成分预实验及急性毒性、抗疲劳实验研究［J］．新疆医科大学学报，2017, 40(11): 1462-1465.

［48］格根塔娜，张屏，包保全．蒙药材库页悬钩子木抗菌活性的研究［J］．求医问药（下半月），2012, 10(03): 198.

［49］严福林，穆巧巧，杨川力，等．响应面法优化南沙参多糖类成分提取工艺［J］．贵州科学，2021, 39(02): 13-19.

［50］马莹慧，刘雪，王艺璇，等．南沙参主要化学成分及药理活性研究进展［J］．吉林医药学院学报，2019, 40(05): 357-359.

［51］景永帅，金姗，张丹参，等．北沙参乙醇分级多糖的理化性质及抗氧化活性研究［J］．食品与机械，2020, 36(07): 175-180+226.

［52］荣立新，鲁爽，刘咏梅．不同加工方法对北沙参多糖免疫调节功能的实验研究［J］．中国中医基础医学杂志，2013, 19(09): 1090-1091+1105.

［53］冯泽岸，马海忠，李玲，等．南沙参多糖分散片急性毒性试验及对小鼠试验性肝损伤的保护作用［J］．中国实验方剂学杂志，2012, 18(18): 247-250.

［54］董庆海，李雅萌，吴福林，等．苣荬菜的研究进展［J］．特产研究，2018, 40(03): 75-78.

［55］邵成雷．苣荬菜的营养及药理作用［J］．食品与药品，2005(06): 63-65.

［56］刘海霞，裴香萍，裴妙荣，等．中华苦荬菜和苣荬菜抗炎保肝药理作用实验研究［J］．山西中医学院学报，2016, 17(01): 19-20+56.

［57］廖腾飞，王丽，罗兴武．鸡树条荚蒾中总香豆素类化合物的研究进展［J］．农学学报，2019, 9(10): 71-74.

［58］宋扬．鸡树条荚蒾果实中酚类成分的研究［D］．吉林大学，2015.

［59］李敏，赵权，武晓林．鸡树条荚蒾抗炎活性研究［J］．黑龙江农业科学，2012(11): 136-138.

［60］王梦丽．鸡树条荚蒾果中降血糖成分的提取及其活性研究［D］．东北林业大学，

2020.

[61] 弥春霞，陈欢，任玉兰，等.鸡树条荚蒾果实提取物抑菌作用研究[J].安徽农业科学，2010, 38(22): 11767-11768+11782.

[62] 吴晶晶，李天祥，李庆和，等.抱茎苦荬菜化学成分和药理作用的研究进展［J］.天津中医药，2015, 32(04): 247-252.

[63] 孙永慧，李文春，李长新，等.抱茎苦荬菜的化学成分研究[J].长春中医药大学学报，2016, 32(02): 269-271

[64] 李然红，金志民，陈鑫，等.狗枣猕猴桃研究进展［J］.中国林副特产，2015(02): 84-85.

[65] 左丽丽.狗枣猕猴桃多酚的抗氧化与抗肿瘤效应研究［D］.哈尔滨工业大学，2013.

[66] 苏玉彤，张增江，刘长武.狗枣猕猴桃利用价值及开发前景［J］.特种经济动植物，2014, 17(06): 46-47.

[67] 尹秀梅，金春梅，王思宏.长白山地区钝叶瓦松茎提取物的成分及活性研究［J］.中草药，2017, 48(05): 859-862.

[68] 常仁龙.核桃楸叶化学成分的研究［D］.长春中医药大学，2009.

[69] 刘宏，宋奇，王添敏，等.胡桃楸枝和根中5个成分含量测定方法的建立及其含量差异分析［J］.中国药房，2021, 32(08): 933-939.

[70] 张厂，金周汉，宋崇顺.核桃楸果水提物抗肿瘤作用的实验研究［J］.世界中医药，2010, 5(03): 210-212.

[71] 许瑞波，王明艳，刘炜炜，等.超声辅助提取荠菜中总生物碱的工艺研究［J］.食品研究与开发，2006(10): 39-42.

[72] 胡秋丽，辛秀兰，孙海悦，等.蓝莓植物化学成分研究进展［J］.特产研究，2017, 39(01): 52-63.

[73] 周丽萍，何丹娆，李梦莎，等.笃斯越桔活性物质功能研究进展［J］.国土与自然资源研究，2019(06): 77-79.

[74] 苏上，王丽金，吴杰，等.笃斯越桔化学成分及其功能活性的研究进展[J].植物学报，2016, 51(05): 691-704.

[75] 刘荣，赵静，王振宇，等.笃斯越桔花色苷对高脂血症大鼠血脂水平的影响［J］.食品工业科技，2011, 32(05): 381-382+452.

[76] 王金兰，易智聪，马耀玲，等.柳蒿化学成分研究［J］.中草药，2016, 47(13): 2241-2245.

[77] 许秀岩.柳蒿芽抗氧化成分的提取及功能性研究［D］.东北林业大学，2017.

[78] 杨佳明，孟宪兰，王丹萍，等.柳蒿化学成分的含量测定及肝损伤保护作用的研究［J］.人参研究，2020, 32(04): 40-44.

[79] 陈志诚，何先维，王伟佳，等.中药白蒿的开发研究与应用［J］.农产品加工，2018(22): 72-74.

[80] 余宙，胡居吾，付俊鹤，等.野生藜蒿提取物降压作用研究［J］.食品工业科技，2010, 31(06): 306-309.

[81] 左袁袁，吕寒，简暾昱，等.菱角壳化学成分及其药理作用研究进展［J］.辽宁中医

药大学学报，2019, 21(04): 94-99.

　　[82] 庞中好. 四角菱角茎多酚的提取及体外抗氧化、抗肿瘤活性研究［D］. 江苏大学，2017.

　　[83] 王洪斌，陈云舒，严守雷，等. 菱角梗、菱角壳提取物抑菌活性及其活性成分分析［J］. 食品工业科技，2021, 42(03): 61-67.

　　[84] 崔美林，于有伟. 菱角不同部位醇溶性与水溶性提取物的抗氧化活性［J］. 食品与发酵工业，2019, 45(16): 122-127.

　　[85] Y Cui, X Yang, D Zhang, et al. Steroidal Constituents from Roots and Rhizomes of *Smilacina japonica*［J］. Molecules, 2018, 23(4): 798..

　　[86] 赵淑杰，洪波，韩忠明，杨利民. 鹿药化学成分及其抗肿瘤活性［J］. 中成药，2016, 38(02): 332-335.

　　[87] 赵泽丰，吴妮，田雪，等. 鹿蹄草属植物化学成分、药理活性与质量控制研究进展［J］. 中国中药杂志，2017, 42(04): 618-627.

　　[88] 艾启俊，于庆华，张红星，等. 鹿蹄草素对金黄色葡萄球菌的抑制作用及其机理研究［J］. 中国食品学报，2007(02): 33-37.

　　[89] Mu H L, Lee J M, Jun S H, et al. The Anti-inflammatory Effects of *Pyrolae herba* Extract through the Inhibition of the Expression of Inducible Nitric Oxide Synthase (iNOS) and NO Production.［J］. Journal of Ethnopharmacology, 2007, 112(1): 49-54.

　　[90] 谭波，何席呈，李婷，等. 景天三七化学成分及药理作用研究进展［J］. 中国民族民间医药，2018, 27(17): 49-52.

　　[91] 钱宇欣，李燕，郭东贵. 景天三七挥发油化学成分分析［J］. 贵阳中医学院学报，2018, 40(01): 47-49.

　　[92] Zhucan Lin, Long Zhang, Ruizhuo Zhang, et al. Anti-inflammatory Effect of Ethyl Acetate Extract of *Sedum aizoon* L. in LPS-stimulated RAW 264.7 Macrophages and its HPLC Fingerprint［J］. Journal of Chinese Pharmaceutical Sciences, 2015, 24(10): 647-653.

　　[93] 赵辰生. 养心草总黄酮对过氧化氢诱导大鼠嗜铬细胞瘤细胞损伤的保护作用［J］. 中国药物与临床，2015, 15(09): 1268-1269.

　　[94] 蔡扬帆，房英娟，林珠灿，等. 景天三七宁心安神活性部位 HPLC 指纹图谱的研究［J］. 中华中医药杂志，2014, 29(10): 3275-3278.

　　[95] 王金兰，张美薇，冀承，等. 猴腿蹄盖蕨化学成分研究［J］. 中成药，2013, 35(01): 105-108.

　　[96] 牟洁，盛继文，荆亮，等. 猴腿蹄盖蕨化学成分及生物活性研究进展［J］. 药学研究，2018, 37(04): 230-233.

　　[97] 韩雄哲. 猴腿蹄盖蕨提取物体内外抗炎作用研究［D］. 延边大学,2019.

　　[98] 刘印志，胡淑珍，曾祥菊，等. 榛子油的研究进展［J］. 中国油脂，2017, 42(10): 22-25.

　　[99] 李曦凝，王俊桐，谷乐，等. 榛子药效物质基础及活性研究［J］. 长春中医药大学学报，2020, 04(68): 1-5.

　　[100] 陈艳，吕春茂，韩金晶，等. 榛子粕抗氧化肽制备条件的优化及体外模拟消化的研

究［J］．沈阳农业大学学报，2017, 48(06): 688-696.

［101］Li X, Zhao J, Yang M, et al. Physalins and Withanolides from the Fruits of *Physalis alkekengi* L. var. *franchetii* (Mast.) Makino and the Inhibitory Activities Against Human Tumor Cells[J]. Phytochemistry Letters, 2014, 10: 95-100.

［102］吴爽，倪蕾，张云杰，等．近十年锦灯笼研究进展［J］．中药材，2019, 42(10): 2462-2467.

［103］钟方丽，王文姣，王晓林，罗亚宏．锦灯笼宿萼总黄酮体外抗氧化活性［J］．大连工业大学学报，2017, 36(06): 397-401.

［104］Lou Z, Wang H, Song Z, et al. Antibacterial Activity and Mechanism of Action of Chlorogenic Acid［J］．Journal of Food Science, 2011, 76(6): 398-403.

［105］王清，刘涛．野生蕨菜的研究现状及其应用进展［J］．食品研究与开发，2015, 36(15): 151-155.

［106］王亚敏，陈乐，廖卫波，等．乌蕨的化学成分、药理作用及质量标准研究进展［J］．实用中西医结合临床，2019, 19(11): 180-182.

［107］陈明，王恒，赵鸿宾，等．苗药乌蕨提取物抗炎作用及其机制研究［J］．中国民族医药杂志,2018, 24(02): 46-49.

［108］陈明，王恒，赵鸿宾，等．乌蕨醇提取物对1型糖尿病大鼠的降血糖作用及其机制初探［J］．天然产物研究与开发，2018, 30(12): 2077-2081.

附录

"药食同源"名单

（现行+拟增共111种）

表 1 《卫生部关于进一步规范保健食品原料管理的通知》（卫法监发〔2020〕51 号）
中规定的既是食品又是药品的药物名单（87 种）

序号	名称	药材英文名	相关信息
1	丁香	Caryophylli Flos	丁香，桃金娘科，花蕾
2	八角茴香	Anisi Stellati Fructus	八角茴香，木兰科，成熟果实
3	刀豆	Canavaliae Semen	刀豆，豆科，成熟种子
4	小茴香	Foeniculif Fructus	茴香，伞形科，成熟果实
5	小蓟	Cirsii Herba	刺儿菜，菊科，地上部分
6	山药	Dioscoreae Rhizoma	薯蓣，薯蓣科，根茎
7	山楂	Crataegi Fructus	山里红、山楂，蔷薇科，近成熟果实
8	马齿苋	Portulacae Herba	马齿苋，马齿苋科，地上部分
9	乌梢蛇	Zaocys	乌梢蛇是蛇目、游蛇科、乌梢蛇属中体型较大的一种蛇，乌风蛇
10	乌梅	Mume Fructus	梅，蔷薇科，近成熟果实
11	木瓜	Chaenomelis Fructus	贴梗海棠，蔷薇科，近成熟果实
12	火麻仁	Cannabis Fructus	大麻，桑科，成熟果实
13	代代花	Citri Aurantii Flos	代代花，芸香科，花蕾
14	玉竹	Polygonati Odorati Rhizoma	玉竹，百合科，根茎
15	甘草	Glycyrrhizae Radix et Rhizoma	甘草、胀果甘草、光果甘草，豆科，根和根茎
16	白芷	Angelicae Dahuricae Radix	白芷、杭白芷，伞形科，根
17	白果	Ginkgo Semen	银杏，银杏科，成熟种子
18	白扁豆	Lablab Semen Album	扁豆，豆科，成熟种子
19	白扁豆花	Lablab Flos	扁豆，豆科，花
20	龙眼肉（桂圆）	Longan Arillus	龙眼，无患子科，假种皮
21	决明子	Cassiae Semen	决明、小决明，豆科，成熟种子
22	百合	Lilii Bulbus	卷丹、百合、细叶百合，百合科，肉质鳞叶
23	肉豆蔻	Myristicae Semen	肉豆蔻，肉豆蔻科，种仁；种皮
24	肉桂	Cinnamomi Cortex	肉桂，樟科，树皮
25	余甘子	Phyllanthi Fructus	余甘子，大戟科，成熟果实
26	佛手	Citri Sarcodactylis Fructus	佛手，芸香科，果实
27	杏仁（苦、甜）	Armeniacae Semen Amarum	山杏、西伯利亚杏、东北杏、杏，蔷薇科，成熟种子
28	沙棘	Hippophae Fructus	沙棘，胡颓子科，成熟果实
29	芡实	Euryales Semen	芡，睡莲科，成熟种仁
30	花椒	Zanthoxyli Pericarpium	青椒、花椒，芸香科，成熟果皮
31	赤小豆	Vignae Semen	赤小豆、赤豆，豆科，成熟种子

序号	名称	药材英文名	相关信息
32	麦芽	Hordei Fructus Germinatus	大麦，禾本科，成熟果实经发芽干燥的炮制加工品
33	昆布	Laminariae Thallus Eckloniae Thallus	海带、昆布，海带科、翅藻科，叶状体
34	枣（大枣、酸枣、黑枣）	Jujubae Fructus	枣，鼠李科，成熟果实
35	罗汉果	Siraitiae Fructus	罗汉果，葫芦科，果实
36	郁李仁	Pruni Semen	欧李、郁李、长柄扁桃，蔷薇科，成熟种子
37	金银花	Lonicerae Japonicae Flos	忍冬，忍冬科，花蕾或带初开的花
38	青果	Canarri Fructus	橄榄，橄榄科，成熟果实
39	鱼腥草	Houttuyniae Herba	蕺菜，三白草科，新鲜全草或干燥地上部分
40	姜（生姜、干姜）	Zingiberis Rhizoma Recens	姜，姜科，根茎（生姜所用为新鲜根茎，干姜为干燥根茎）
41	枳椇子	Hoveniae Semen	枳椇，鼠李科，药用为成熟种子；食用为肉质膨大的果序轴、叶及茎枝
42	枸杞子	Lycii Fructus	宁夏枸杞，茄科，成熟果实
43	栀子	Gardeniae Fructus	栀子，茜草科，成熟果实
44	砂仁	Amomi Fructus	阳春砂、绿壳砂、海南砂，姜科，成熟果实
45	胖大海	Sterculiae Lychnophorae Semen	胖大海，梧桐科，成熟种子
46	茯苓	Poria	茯苓，多孔菌科，菌核
47	香橼	Citri Fructus	枸橼、香园，芸香科，成熟果实
48	香薷	Moslae Herba	石香薷、江香薷，唇形科，地上部分
49	桃仁	Persicaese Men	桃、山桃，蔷薇科，成熟种子
50	桑叶	Mori Folium	桑，桑科，叶
51	桑椹	Mori Fructus	桑，桑科，果穗
52	桔红（橘红）	Citri Exocarpium Rubrum	橘及其栽培变种，芸香科，外层果皮
53	桔梗	Platycodonis Radix	桔梗，桔梗科，根
54	益智仁	Alpiniae Oxyphyllae Fructus	益智，姜科，去壳之果仁，而调味品为果实。
55	荷叶	Nelumbinis Folium	莲，睡莲科，叶
56	莱菔子	Raphani Semen	萝卜，十字花科，成熟种子
57	莲子	Nelumbinis Semen	莲，睡莲科，成熟种子
58	高良姜	Alpiniae Officinarum Rhizoma	高良姜，姜科，根茎
59	淡竹叶	Lophatheri Herba	淡竹叶，禾本科，茎叶
60	淡豆豉	Sojae Semen Praeparatum	大豆，豆科，成熟种子的发酵加工品
61	菊花	Chrysanthemi Flos	菊，菊科，头状花序
62	菊苣	Cichorii Herba Cichorii Radix	毛菊苣、菊苣，菊科，地上部分或根

序号	名称	药材英文名	相关信息
63	黄芥子	Sinapis Semen	芥，十字花科，成熟种子
64	黄精	Polygonati Rhizoma	滇黄精、黄精、多花黄精，百合科，根茎
65	紫苏	Perillae Folium	紫苏，唇形科，叶（或带嫩枝）
66	紫苏籽	Perillae Fructus	紫苏，唇形科，成熟果实
67	葛根	Puerariae Lobatae Radix	野葛，豆科，根
68	黑芝麻	Sesami Semen Nigrum	脂麻，脂麻科，成熟种子
69	黑胡椒	Piperis Fructus	胡椒，胡椒科，近成熟或成熟果实
70	槐花	Sophorae Flos	槐，豆科，花及花蕾
71	蒲公英	Taraxaci Herba	蒲公英、碱地蒲公英，菊科，全草
72	榧子	Torreyae Semen	榧，红豆杉科，成熟种子
73	酸枣仁	Ziziphi Spinosae Semen	酸枣，鼠李科，果肉、成熟种子
74	鲜白茅根（或干白茅根）	Imperatae Rhizoma	白茅，禾本科，根茎
75	鲜芦根（或干芦根）	Phragmitis Rhizoma	芦苇，禾本科，根茎
76	橘皮（或陈皮）	Citri Reticulatae Pericarpium	橘及其栽培变种，芸香科，成熟果皮
77	薄荷	Menthae Haplocalycis Herba	薄荷，唇形科，地上部分、叶、嫩芽
78	薏苡仁	Coicis Semen	薏苡，禾本科，成熟种仁
79	薤白	Allii Macrostemonis Bulbus	小根蒜、薤，百合科，鳞茎
80	覆盆子	Rubi Fructus	华东覆盆子，蔷薇科，果实
81	藿香	Pogostemonis Herba	广藿香，唇形科，地上部分
82	槐米	Flos Sophorae Immaturus	槐，豆科，干燥花及花蕾
83	牡蛎	Ostreae Concha	长牡蛎、大连湾牡蛎、近江牡蛎，牡蛎科，贝壳
84	阿胶	Asini Corii Colla	驴，马科，干燥皮或鲜皮经煎煮、浓缩制成的固体胶
85	鸡内金	Galli Gigerii Endothelium Corneum	家鸡，雉科，沙囊内壁
86	蜂蜜	Mel	中华蜜蜂、意大利蜂，蜜蜂科，蜂所酿的蜜
87	蝮蛇（蕲蛇）	Agkistrodon	五步蛇，蝰科，去除内脏的整体

表 2　《按照传统既是食品又是中药材物质目录管理办法》（征求意见稿）（国卫办食品函〔2014〕975 号）中拟新增的中药材物质名单（14 种）

序号	名称	药材英文名	相关信息
88	人参	Ginseng Radix et Rhizoma	根和茎
89	山银花	Lonicerae Flos	花蕾或待初开的花
90	芫荽	Coriandri Herba	果实、种子

序号	名称	药材英文名	相关信息
91	玫瑰花	Rosae Rugosae Flos	花蕾
92	松花粉	Pini Pollen	干燥花粉
93	油松	Pini Lignum Nodi	结节（松节）、叶（松叶）、球果（松球）、花粉（松花粉）及树脂入中药
94	粉葛	Puerariae Thomsonii Radix	根
95	布渣叶	Microctis Folium	叶
96	夏枯草	Prunellae Spica	果穗
97	当归	Angelicae Sinensis Radix	根
98	山奈	Kaempferiae Rhizoma	根茎
99	西红花	Croci Stigma	柱头
100	草果	Tsaoko Fructus	果实
101	姜黄	Curcumae Longae Rhizoma	根茎
102	荜茇	Bibo Piperislongi Fructus	果实或成熟果穗

表3 《关于对党参等9种物质开展按照传统既是食品又是中药材的物质管理试点工作的通知》（国卫食品函〔2019〕311号）中的中药材物质名单（9种）

序号	名称	药材英文名	相关信息
103	党参	Codonopsis Radix	根
104	肉苁蓉（荒漠）	Cistanches Herba	肉质茎
105	铁皮石斛	Dendrobii Officinalis Caulis	茎
106	西洋参	Panacis Quinquefolia Radix	根
107	黄芪	Astragali Radix	根
108	灵芝	Ganoderma	子实体
109	山茱萸	Corni Fructus	果实
110	天麻	Gastrodiae Rhizoma	块茎
111	杜仲叶	Eucommiae Folium	叶

公告明确为普通食品的名单：

白毛银露梅、黄明胶、海藻糖、五指毛桃、中链甘油三酯、牛蒡根、低聚果糖、沙棘叶、天贝、冬青科苦丁茶、梨果仙人掌、玉米须、抗性糊精、平卧菊三七、大麦苗、养殖梅花鹿其他副产品（除鹿茸、鹿角、鹿胎、鹿骨外）、梨果仙人掌、木犀科粗壮女贞苦丁茶、水苏糖、玫瑰花（重瓣红玫瑰）、凉粉草（仙草）、酸角、针叶樱桃果、菜花粉、玉米花粉、松花粉、向日葵花粉、紫云英花粉、荞麦花粉、芝麻花粉、高粱花粉、魔芋、钝顶螺旋藻、极大螺旋藻、刺梨、玫瑰茄、蚕蛹、耳叶牛皮消。

卫健委公告明确不是普通食品的名单（历年发文总结）：

西洋参、鱼肝油、灵芝（赤芝）、紫芝、冬虫夏草、莲子芯、薰衣草、大豆异黄酮、灵芝孢子粉、鹿角、龟甲。

卫健委公布的可用于保健食品的中药名单：

人参、人参叶、人参果、三七、土茯苓、大蓟、女贞子、山茱萸、川牛膝、川贝母、川芎、马鹿胎、马鹿茸、马鹿骨、丹参、五加皮、五味子、升麻、天门冬、天麻、太子参、巴戟天、木香、木贼、牛蒡子、牛蒡根、车前子、车前草、北沙参、平贝母、玄参、生地黄、生何首乌、白及、白术、白芍、白豆蔻、石决明、石斛（需提供可使用证明）、地骨皮、当归、竹茹、红花、红景天、西洋参、吴茱萸、怀牛膝、杜仲、杜仲叶、沙苑子、牡丹皮、芦荟、苍术、补骨脂、诃子、赤芍、远志、麦门冬、龟甲、佩兰、侧柏叶、制大黄、制何首乌、刺五加、刺玫果、泽兰、泽泻、玫瑰花、玫瑰茄、知母、罗布麻、苦丁茶、金荞麦、金樱子、青皮、厚朴、厚朴花、姜黄、枳壳、枳实、柏子仁、珍珠、绞股蓝、胡芦巴、茜草、荜茇、韭菜子、首乌藤、香附、骨碎补、党参、桑白皮、桑枝、浙贝母、益母草、积雪草、淫羊藿、菟丝子、野菊花、银杏叶、黄芪、湖北贝母、番泻叶、蛤蚧、越橘、槐实、蒲黄、蒺藜、蜂胶、酸角、墨旱莲、熟大黄、熟地黄、鳖甲。

保健食品禁用中药名单（注：毒性或者副作用大的中药）：

八角莲、八里麻、千金子、土青木香、山莨菪、川乌、广防己、马桑叶、马钱子、六角莲、天仙子、巴豆、水银、长春花、甘遂、生天南星、生半夏、生白附子、生狼毒、白降丹、石蒜、关木通、农吉痢、夹竹桃、朱砂、米壳（罂粟壳）、红升丹、红豆杉、红茴香、红粉、羊角拗、羊踯躅、丽江山慈姑、京大戟、昆明山海棠、河豚、闹羊花、青娘虫、鱼藤、洋地黄、洋金花、牵牛子、砒石（白砒、红砒、砒霜）、草乌、香加皮（杠柳皮）、骆驼蓬、鬼臼、莽草、铁棒槌、铃兰、雪上一支蒿、黄花夹竹桃、斑蝥、硫磺、雄黄、雷公藤、颠茄、藜芦、蟾酥。